全国中等职业学校烹饪专业创新规划教材

# 中餐面点实操培训手册

主　审　赵宇澄
主　编　文　杰　杨　璟
副主编　米吉提·卡的尔　郭　蕊
　　　　张凤杰　郭　义　钱其龙
　　　　刘　钢　古勒孜努尔·阿力甫

U0212736

 中国商业出版社

**图书在版编目(CIP)数据**

中餐面点实操培训手册 / 文杰,杨璟主编. －－ 北京:
中国商业出版社,2023.11
ISBN 978－7－5208－2745－4

Ⅰ.①中… Ⅱ.①文…②杨… Ⅲ.①面食－制作－
中国－手册 Ⅳ.①TS972.132－62

中国国家版本馆 CIP 数据核字(2023)第 232901 号

责任编辑:李 飞
(策划编辑:蔡 凯)

**中国商业出版社出版发行**
(www.zgsycb.com 100053 北京广安门内报国寺 1 号)
总编室:010－63180647 编辑室:010－83114579
发行部:010－83120835/8286
新华书店经销
涿州市旭峰德源印刷有限公司印刷
＊
787 毫米×1092 毫米 16 开 10.75 印张 200 千字
2023 年 11 月第 1 版 2023 年 11 月第 1 次印刷
**定价:58.00 元**
＊ ＊ ＊ ＊
(如有印装质量问题可更换)

# 编写说明

　　根据教育部职业教育专业目录(2021年)、职业教育专业简介(2022年修订)文件精神,为了适应中等职业教育、技工教育中餐烹饪专业的发展,不断推进专业改革,优化教学方法,转变学生学习方式,提高教学质量,努力为社会培养更多更好的烹饪人才,在总结和借鉴以往教学经验的基础上,组织有关人员编写了适合本区域学生学习的《中餐面点实操培训手册》。

　　本书以学生为主体,内容符合学生的认知水平,符合培养学生需求,符合学生今后的职业岗位需求,同时依据人力资源和社会保障部技工教育中餐烹饪专业人才培养目标和规格要求编写,既有趣味性,以完成项目的形式使学生从中得到学习的乐趣;又突出能力目标,通过学习提高学生使用国家通用语言文字的能力和促进学生的岗位就业应用能力,通过操作把课堂上的知识转化为能力。根据中式面点典型职业活动分析,以烹饪专业(中式面点方向)核心课程标准为依据,以制作任务为载体,确定了2个主题学习单元:中华传统面点主题单元有14个项目,新疆地区特色面点主题单元有6个项目,共20个项目。项目任务安排由简到难,循序渐进,涵盖了单元的全部教学目标,对各个项目列举出配方、技术要点和情景对话。在完成工作任务的过程中进一步指导学生正确的理解中华文化的博大精深,提高阅读和交际能力,发展学生的语感和思维,养成学习语文的良好习惯。让学生掌握面点制作的基本知识和技能,从而达到在教学过程中,进一步拓展学生的知识领域,培养学生实践能力,激发学生对中华优秀文化的热爱,厚植爱国主义情怀,培育和践行社会主义核心价值观;提高学生的思想品德修养,开拓学生的视野,注重培养团队合作精神、创新精神,提高文化品位和审美观。从而促进健康的个性,逐步形成更加健全人格。

　　本书编写内容突出"做中学,学中做"的职业教育教学特色,体现以学生为主体的思想和行为导向的教学观,以全新的视角审视面点制作的精髓,采用"以工作任务为中心，以典型品种为载体"的项目化编写方法，用图片、视频的形式将面点制作的工艺流程逐一展示出来。新疆师范大学语言学院博士生导师王阿舒教授，新疆粮油食品厂厂长刘勇在本书的编写过程中给予的指导和帮助，在此一并表示感谢！

由于编者时间仓促、水平有限，书中缺点遗漏在所难免，不妥之处，恳请专家、同行及广大读者批评指正。

编　者

2023 年 10 月

# 目 录

# 项目一 —— 饺子的制作

## 一、学习目标

1. 知识目标：能够熟练 掌 握在饺子制作过程中的词语及常用语。
zhǎng wò
2. 能力目标：能够按照水饺制作流程在规定时间内完成饺子的制作。
3. 素质目标：培养学生的卫生习惯和行业规范，以及在美食制作过程中的匠心精神。

## 二、制作准备

1. 设备、工具准备：
（1）设备：案台、案板、炉灶、台 秤 、煮锅。
lú zào   tái chèng
（2）工具：面箩、刮板、小面板、笊 篱 、手勺、尺板、小碗、面盆、餐盘。
luó        zhào li
2. 原料准备：
（1）皮料：面粉 500 克、冷水（24～26℃）250～260 克。
（2）馅料：牛肉或羊肉 500 克、葱 100 克、姜 5 克（若不爱吃葱和姜可用等量葱姜水代替）。
（3）调料：盐 5 克、老抽 25 毫升、香油 10 毫升（没有香油可以用 烧 熟 的食用油代替）、鸡精 3 克、白糖 2.5 克、白胡 椒 粉 2 克、料酒 10 克。
shāo shú
hú jiāo fěn

## 三、情景对话

**场景一　制 馅**
zhì xiàn

（今日是冬至， 烹 任班的刘老师教自己的学生艾力做饺子。）
pēng rèn

刘老师：艾力，老师考考你，今天是什么日子？

艾力：老师您这可考不住我，早上一醒来就有好多祝福信息飘进我手机里了，今天是咱们二十四节气中的冬至，妈妈说过冬至要吃饺子，不然会冻掉耳朵。

刘老师：真不错啊小伙子！对咱们的传统节气风俗了解得很清楚啊，那老师再问问你，我们为什么要把饺子称为"饺子"呢？

艾力：老师，这我可就不太知道了，是不是古人觉得饺子像耳朵？唉，不对，那是不是古时候的人觉得面是面、菜是菜分开吃太麻烦，所以想了个办法包在一起吃，像包子、馄饨(hún tun)、肉夹馍、菜合子不都是这一类型的面食？

刘老师：欸，你这个解释(jiě shì)倒不失为其中的理由，虽然咱们现在生活水平提高了，天天只要想吃就能吃到各种各样的饺子。但是在以往，正宗(zhèng zōng)吃饺子的时间是在年三十晚上子时时刻，代表"去岁交子"，所以饺子寓意(yù yì)着新旧交替，象征(xiàng zhēng)新的一年来到，旧的一年过去。

艾力：嚯，老师，没想到一个小小的饺子竟然有这么深的含义。老师，您说了那么多，都把我说饿了，不如今天您就来教我包饺子吧！

刘老师：不错不错，今天老师就是要来教你包肉馅饺子的，咱们先学制馅吧。

图片 1　饺子制馅——剁肉馅

艾力：老师，是不是用刀剁(duò)出来的馅，要比机器铰(jiǎo)切出来的更好吃？

刘老师：那可不，手工的肯定要比机器的好吃啊。来，我先教你调馅(tiáo xiàn)，首先把刚才咱们剁成每粒石榴籽(shí liu zǐ)大小的 500 克肉馅放入面盆中，然后加入事先准备好的 5 克盐、25 毫升老抽、10 毫升香油、3 克鸡精、2.5 克白糖、2 克白胡椒粉、10 克料酒。

图片 2　饺子制馅——调馅

艾力：老师，我按您的要求都放好了，现在接着要怎么弄？

刘老师：现在用手向一个方向搅拌肉馅，直至其搅打上劲儿(shàng jìn er)，有胶状(jiāo zhuàng)感并且有

nián xìng
一定的 黏 性 就可以了。

艾力：好的老师，这个过程好像跟做丸子有点儿像啊，这样做是为什么呢？

shí hou　　　　　　　sōng sǎn　　　　　　　kǒu gǎn
刘老师：这样做包饺子的时 候好包，馅儿不至于 松 散，煮出来的饺子吃着口 感也更好。

cōng jiāng
艾力：老师，我明白了，接下来是不是该放 葱 姜水了？

刘老师：是的，葱姜水不能一次性全放，要分两次放入。每次加入葱姜水时，要将葱姜水全部搅至肉馅中。

艾力：老师，如果我要吃菜、肉混合馅儿的饺子，是不是再放入其他菜就可以了。

**图片 3　饺子制馅——放葱姜水**

刘老师：不错哦，艾力，你还挺能举一反三的，是这样的，把肉馅调好，同时放入同等

duò hǎo　　　　　　　　　　　huí xiāng　　jì cài　　yě qín cài
量剁 好的菜，如大白菜、韭菜、洋葱、茴 香 、荠菜、野芹菜甚至是胡萝卜，都是能跟肉馅搭配的配菜。但是需要注意的是，水分大的蔬菜，剁好后要先放一些盐，等待 10 分

jiǎo bàn
钟后，把菜里的水挤干再放到肉馅里一起 搅 拌 。

**图片 4　饺子制馅——搅拌馅**

tiáo　　　　　　　　　　　shuō dao
艾力：知道了老师，原来调 个饺子馅都有这么多 说 道，做饭可

chú xī　　　　hé jiā
真不是一件简单的事儿，怪不得除 夕那天，阖 家上下所有人一起包饺子那么快乐！

刘老师：是啊，以前交通不像如今这么方便，平时一家人能聚齐

场景一微课视频——饺子制馅

的机会特别少，春节一大家子好不容易聚在一起，包饺子就成了促进亲人感情的活动了。每个人基本上都有事可干，和面的和面、调馅儿的调馅儿、擀皮儿（gǎn pí er）的擀皮儿、烧水的烧水，就连不太会干活的小孩子，也能在大人之间运个皮儿，你说这一个小小的饺子，承载了咱们多少中国家庭阖家团圆（hé jiā tuán yuán）的美好愿望。

艾力：老师，你都把我说得想家了，我更饿了，咱们开始包吧。

## 场景二　包饺子

（今日是春节，在和田县的罕艾日克乡里，7 岁的苏比正在向妈妈学习包饺子）

苏比：妈妈，这饺子怎么包啊，我有点儿担心，要是包坏了煮到锅里饺子散（sǎn le）了怎么办？

妈妈：别担心，万事开头难，慢慢熟练（shú liàn）就好了，妈妈也是在你这么大的时候开始学习做饭的。先用左手拿皮儿，手指弯曲，整个手形呈窝状（chéng wō zhuàng）。

苏比：妈妈，是不是这样？

妈妈：对咯，放松点，别紧张，包个饺子而已，又不是上战场。来，右手拿尺板，挑一块杏子大小的馅放在皮儿中心抹平，注意不要抹到皮儿边上，不然包的时候饺子会露馅（lòu xiàn）或是捏（niē）不紧。

苏比：妈妈，您看我这抹（mǒ）得对吗？

妈妈：对的，很好，你刚开始包，馅儿可以先放少点儿，等你会包了以后，就很容易控制饺子馅儿的量了。现在用左手把包了馅儿的皮儿捏成半圆状。

苏比：妈妈，是这样吗？

妈妈：对的，右手这时候要起辅助（fǔ zhù）作用，看，先把中间的皮儿捏在一起。

苏比：妈妈，捏好了，两边馅儿怎么还露着呢？

妈妈：别着急，来，跟妈妈学，把一边的饺子皮推进去，现在皮儿是不是就短了些？

苏比：妈妈，您都是手一捏一个饺子，我这样是不是太慢了。

妈妈：做事跟做人一样，先学走路再学跑，咱们先从基础学起，万丈高楼平地起，熟能生巧。来，把推进去的一边上面也一点点捏紧，另一边也这样一点点捏紧，皮儿一定要封紧，煮的时候才不会破。

苏比：妈妈，我这包的饺子怎么是扁的站不起来？

妈妈：你看，学我这样，捏饺子皮的时候稍微把有馅的一面往里面推，把饺子包得像元宝一样，这样包的饺子就能站住了。

苏比：真的哎，我这饺子终于能站住了，哈哈哈，谢谢妈妈。

妈妈：对吧，等饺子煮出来，吃着自己亲手包的饺子，味道会不一样的。

苏比：妈妈，包得差不多了，咱们开始煮吧，我都迫不及待要尝尝自己包的饺子了！

## 四、字词解析

1. 专有名词

（1）案台：[àn tái] 长形的桌子或架起来代替桌子用的长木板或其他材质的台子。

（2）案板：[àn bǎn] 炊事或做工用的台板，多为长方形。

（3）台秤：[tái chèng] 一种带有平台的称重机械，物体置于其平台上称重，用于计量厨房食材原料重量的称重工具。

（4）面箩：[miàn luó] 一说是用来过滤东西的，把大的东西留在筛子里，把小的东西过滤到下面，真正是"取其精华，去其糟粕"；也有的是用来蒸饺子、蒸包子的工具算子，或是把包好的饺子、包子放在上面等待下锅的板子。

（5）刮板：[guā bǎn] 用来切分面团或是面剂子的工具，多半是用塑料或是橡胶制成的。

（6）笊篱：[zhào li] 用竹篾、柳条或铁丝等编织的用具，能漏水，用在水、汤里捞东西的厨房工具。

（7）手勺：[shǒu sháo] 在用锅炒菜时所使用的工具，有舀汤、舀调料的作用。

（8）尺板：[chǐ bǎn] 包饺子时用来把馅装入皮里的工具，又称作"馅勺"。

（9）二十四节气：[èr shí sì jié qì]"二十四节气"是上古农耕文明的产物，它是上古先民顺应农时，通过观察天体运行，认知一岁中时令、气候、物候等变化规律所形成的知识体系。中国古代根据气候对一年进行的节令划分。即指立春、雨水、惊蛰、春分、清明、谷雨、立夏、小满、芒种、夏至、小暑、大暑、立秋、处暑、白露、秋分、寒露、霜降、立冬、小雪、大雪、冬至、小寒和大寒。

（10）馄饨：[hún tun] 起源于中国的一种民间传统面食，后分化出饺子。用清水和面做皮，皮内包上菜，或肉，或糖，或蜂蜜等做馅，用水煮熟。广东称为"云吞"，四川称为"抄手"。

（11）肉夹馍：[ròu jiá mó] 是中国陕西省传统特色食物之一。名字意为"肉馅的夹馍"。把馍（烧饼）掰开加食材的吃法，就叫"夹馍"。夹肉的叫"肉夹馍"，夹菜的叫"菜夹馍"，还有大油夹馍、辣子夹馍等。其中"肉""菜"等词做形容词修饰后面的"夹馍"。

（12）菜合子：[cài hé zi] 是中国北方常见的一种小吃。一般以小麦粉做皮，蔬菜和肉类做馅，以"烙"的方式加工至熟透即食。

（13）子时：[zǐ shí] 子时，十二时辰之一，对应现代时间的 23 时至 1 时，古时尚有午夜、子夜、夜半、夜分、宵分、未旦、未央等别称。

（14）茴香：[huí xiāng] 茎直立，圆柱形，叶子分裂为丝状之细片。可以切碎与肉馅相佐包入饺子中，味道比较特别。

（15）荠菜：[jì cài] 荠菜为十字花科植物，是一种人们喜爱的可食用野菜，遍布全世界。其营养价值很高，食用方法多种多样。具有很高的药用价值，具有和脾、利水、止血、明目的功效，常用于治疗产后出血、痢疾、水肿、肠炎、胃溃疡、感冒发热、目赤肿疼等症。

（16）野芹菜：[yě qín cài] 又名"水芹菜""刀芹菜""蜀芹菜"，是常见的营养蔬菜之一，其味鲜美，也具有一定的药用价值，可治疗多种疾病。野芹菜具有降血压、安神除烦、利尿消肿的功效。

（17）除夕：[chú xī] 为岁末的最后一天夜晚。岁末的最后一天称为"岁除"，意为旧岁至此而除，另换新岁。除，即去除之意；夕，指夜晚。

（18）罕艾日克乡：[hǎn ài rì kè xiāng] 罕艾日克乡位于新疆维吾尔自治区和田地区和田县。

2. 课文词语

（1）制馅：[zhì xiàn] 将各种原料精细加工拌制或炒制成各种不同的、味美可口的馅，这一过程就是制馅。

（2）正宗：[zhèng zōng]（名）原指佛教各派的创建者所传下来的嫡派，后来泛指正统派。②（形）正统的；真正的：～川菜。

（3）剁：[duò] 剁又称"斩"，一般用于无骨原料。此方法是用刀或者尖锐的厨具，将原料斩成蓉、泥或剁成末状的一种方法。

（4）搅：[jiǎo] ①搅拌：茶汤～匀了。把粥～一～。②扰乱；打扰：～扰。胡～。这宗生意让他～黄了。

（5）石榴籽：[shí liú zǐ] 本品为具棱角的小颗粒，一端较大，有时由多数种子粘连成块状。本文主要形容要将肉馅剁成的大小形状。

（6）胶状：[jiāo zhuàng] 可流动的浓稠液体状态。本文指要将肉馅搅打到起胶的状态。

（7）黏性：[nián xìng] 物体黏着的性质。本文指搅打馅要搅打到粘手的程度。

（8）松散：[sōng sǎn] ①懈怠；放松。②散开，不紧密。③不集中；不紧凑。④轻松；舒展。

（9）口感：[kǒu gǎn]（名）在烹饪学中，口感是指食物在人们口腔内，由触觉和咀嚼而产生的直接感受，是独立于味觉之外的另一种体验。口感一般包括食物的冷热程度和软硬程度两个基本方面：描述食物冷热程度的词语如温、凉、热烫等；描述食物软硬程度的词语如软糯酥、滑、脆嫩等。

（10）调：[diào] 调动；分派：对～、～职、～兵遣将。调查：函～、内查外～。互换：～换、～过儿、咱们俩～个座位。

[tiáo] 使和谐、使均匀合适。调和、调剂；使和解。调解、协调；混合、配合。调色、调味

[zhāo] 朝，早晨：《广韵·平尤》："～，朝也。"

（11）挪干：[nuó gān]（动补短语）本文指用双手紧握切好腌好的蔬菜，把里面的水分挤干。

（12）阖家上下：[hé jiā shàng xià] 指全家人，阖，有"全"的意思。

（13）和面：[huó miàn] 和面就是在粉状的物体中加液体搅拌或揉弄使有黏性。用水揉和面粉。

（14）馅：[xiàn]（名）（～儿）面食、点心里包的糖、豆沙或细碎的肉、菜等；～儿饼。

（15）擀皮：[gǎn pí] 以擀面棍将和好的面团，碾压成薄片状。

（16）承载：〔chéng zài〕承受负载。

（17）弯曲：〔wān qū〕不直。

（18）窝状：〔wō zhuàng〕手弯曲为了让面皮贴合手心。

（19）抹：〔mǒ〕涂：涂～。～粉（喻美化或掩饰）。～黑（喻丑化）。

〔mò〕把和好了的泥或灰涂上后弄平：～墙。～石灰。

〔mā〕擦：～桌子。

（20）露馅〔lòu xiàn〕比喻不肯让人知道而隐瞒的事物暴露出来。本文指饺子皮没有捏紧或是包饺子的时候馅放得太多，馅漏了出来。

（21）捏：〔niē〕用拇指和其他手指夹住；用手指把软的东西做成一定的形状：～饺子。～面人儿；假造，虚构：～造。～陷。

（22）辅助：〔fǔ zhù〕从旁帮助；协助。

（23）着：〔zhuó〕穿（衣）：穿～。穿红～绿。～装；接触，挨上：～陆。附～。不～边际。

〔zháo〕接触，挨上：～边。上不～天，下不～地；感受，受到：～凉。～急。～忙。～风。～迷。

〔zhāo〕下棋时下一子或走一步：～法。～数。一～儿好棋；计策，办法：高～儿。没～儿了。

〔zhe〕助词，表示动作正在进行或状态的持续：走～。开～会。

（24）元宝：〔yuán bǎo〕状似中国鞋子的金锭或银锭，通常是银锭，从前在中国当作货币使用。金元宝重五两或十两，银元宝一般重五十两。

3. 成语俗语

（1）各种各样：〔gè zhǒng gè yàng〕具有多种多样的特征或具有各不相同的种类。

（2）辞旧迎新：〔cí jiù yíng xīn〕辞：告别。迎：迎接。辞旧迎新指的是告别旧的一年，迎接新的一年的到来，即庆贺新年的意思。

（3）去岁交子：〔qù suì jiāo zǐ〕也可称作"更岁交子"，岁：年，时间。子：子时，即0：00（零点）。时间更替——旧的一年过去，新的一年开始。

（4）新旧交替：〔xīn jiù jiāo tì〕新的事物代替旧的事物。

（5）举一反三：〔jǔ yī fǎn sān〕从一件事情类推而知道其他许多事情。

（6）阖家团圆：〔hé jiā tuán yuán〕每年春节，大家都会各自回到家人身边，陪伴家人过年。

（7）万事开头难：〔wàn shì kāi tóu nán〕指做任何事情，开始时总很困难。

（8）万丈高楼平地起：〔wàn zhàng gāo lóu píng dì qǐ〕再高的大楼都要从平地修建起，要把基础打牢。比喻事物从无到有。

（9）熟能生巧：〔shú néng shēng qiǎo〕熟练了就能产生巧办法。

（10）迫不及待：〔pò bù jí dài〕紧迫得不容等待；急切地或不能自制地要采取行动的；忍耐不住地渴望的。

## 五、制作流程图

步骤一：将肉馅、调料放入盆中。
步骤二：用手向一个方向搅打均匀直至有黏性。
步骤三：将葱姜水分两次加入馅中并搅打均匀。
步骤四：加入想要吃的剁好的蔬菜。

步骤一：取一块面团来回推搓，使条向两端延伸。
步骤二：搓成长条（长条要均匀、光洁的圆条状）。
步骤三：一手握住剂条，另一手大拇指、食指和中指靠紧虎口捏住露出的截面，顺势往下一揪。（下剂要均匀，大小要一致）

步骤一：用左手的拇指将盛有馅的饺子皮挑起，对折成半圆，捏住中间由两边向中间封口。
步骤二：双手拇指和食指按住边，同时微微向中间轻轻一挤，中间鼓起成元宝形。
步骤三：将两包好的生饺子还放在撒有干面的盖垫上。

**制馅 → 和面 → 下剂 → 制皮 → 成型 → 熟制**

步骤一：将面粉过筛放入盆中。
步骤二：把冷水分两至三次倒入盆中。
步骤三：用抄拌和搅拌的方法将面粉和匀和透。
步骤四：使面粉表面光滑，盖上湿布或保鲜膜，醒面10分钟。

步骤一：先将面剂子用手掌压扁，一手捏住边沿、一手擀制，双手密切配合，连续擀动。
步骤二：剂皮顺一个方向转动一个角度（每擀一下，擀到剂皮的五分之二处为直）。
步骤三：直至大小适当，中间稍厚，四周略薄，成圆形即可。

步骤一：将面锅中水烧开，逐个放入饺子。
步骤二：用手勺顺同一方向推动水、带动饺子旋转，饺子慢慢浮起。
步骤三：开锅后点冷水，保持水面沸而不腾，使饺子受热均匀，（肉馅饺子点三四次凉水，素馅饺子点一次凉水即可）。
步骤四：待饺子快熟时，用笊篱捞起一个用手指按按饺子是否软，若是软了说明熟了，可以装盘上桌。

## 六、知识链接

### 饺子

饺子由馄饨演变而来，源于中国古代的角子，原名"娇耳"，汉族传统面食，距今已有一千八百多年的历史。由东汉南阳涅阳县（今河南南阳邓州市）人张仲景发明，最初作为药用。饺子又称"水饺"，深受中国人民喜爱，是中国北方民间的主食和地方小吃，也是年节食品。有一句民谚叫作"大寒小寒，吃饺子过年"。饺子多用面皮包馅水煮而成。

### 春节

春节即中国农历新年，俗称"新春""新岁""岁旦"等，口头上又称"过年""过大年"。春节历史悠久，由上古时代岁首祈岁祭祀演变而来。万物本乎天、人本乎祖，祈岁祭祀、敬天法祖，报本反始也。春节的起源蕴含着深邃的文化内涵，在传承发展中承载了丰厚的历史文化底蕴。在春节期间，全国各地均举行各种庆贺新春活动，带有浓郁的各地地方特色。这些活动以除旧布新、驱邪攘灾、拜神祭祖、纳福祈年为主要内容，形式丰富多彩，凝聚着中华传统文化精华。

### 农历

农历是中国现行的近现代历法，属于阴阳合历，也就是阴历和阳历的合历，是根据月相的变化周期，每一次月相朔望变化为一个月，参考太阳回归年为一年的长度，并加入二十四节气与设置闰月以使平均历年与回归年相适应。农历融合阴历与阳历形成一种阴阳合历历法，因使用"夏正"，古时称为"夏历"。

#### 中国传统节日

中国传统节日是中华民族悠久历史文化的重要组成部分，形式多样、内容丰富。传统节日的形成，是一个民族或国家的历史文化长期积淀凝聚的过程。

中华民族的古老传统节日，涵盖了原始信仰、祭祀文化、天文历法、易理术数等人文与自然文化内容，蕴含着深邃丰厚的文化内涵。从远古先民时期发展而来的中华传统节日，不仅清晰地记录着中华民族先民丰富而多彩的社会生活文化内容，也积淀着博大精深的历史文化内涵。

中国的传统节日主要有春节（农历正月初一）、元宵节（农历正月十五）、龙抬头（农历二月初二）、社日节（农历二月初二前后）、上巳节（农历三月初三）、寒食节（冬至后的105或106天）、清明节（公历4月5日后）、端午节（农历五月初五）、七夕节（农历七月初七）、中元节（农历七月十五）、中秋节（农历八月十五）、重阳节（农历九月初九）、下元节（农历十月十五）、冬至（公历12月21—23日）、除夕（农历十二月廿九或三十）等。

另外，二十四节气当中，也有个别既是自然节气点也是传统节日，如清明、冬至等，这些节日兼具自然与人文两大内涵，它们既是自然节气点，也是传统节日。

## 七、评价自测

| 评价内容 | 评价标准 | 满分 | 得分 |
|---|---|---|---|
| 词语掌握 | 在包饺子交流的过程中能够熟练运用本课34个常用词语 | 20 | |
| 语法掌握 | 包饺子时能够熟练运用口语进行表述并且符合逻辑、语法运用合理 | 20 | |
| 成型手法 | 饺子挤捏成型的手法正确 | 20 | |
| 成品标准 | 色泽洁白、造型规整均匀、饺皮软滑、馅心鲜嫩、味美可口 | 20 | |
| 装盘 | 成品与盛装器皿搭配协调、造型美观 | 10 | |
| 卫生 | 工作完成后，工位干净整齐、工具清洁干净、摆放入位 | 10 | |
| 合计 | | 100 | |

## 八、课后练习

（一）选择题

1. 选择正确的关联词语填空：（　　）饺子包起来很烦琐，（　　）饺子味道鲜美，是北方人最喜欢的主食之一。

A. 因为……所以　　　B. 即使……也　　　C. 虽然……但是　　　D. 无论……都

2. 调馅过程中放葱姜水，要分（　　）放入。

A. 一次　　B. 两次　　C. 三次　　D. 四次

（二）判断题

1. 制馅一般应选用肥瘦相间、肉质丝缕短、嫩筋较多的夹心肉。（    ）

2. 包饺子时，皮可以不捏那么紧，饺子下锅后，馅也不会漏。（    ）

（三）制作题

饺子作为中国一大特色美食，深受广大人民的喜爱，很多省市的人们都有吃饺子的习惯，平日里，我们自己做饺子的时候喜欢加入不同的馅料，馅料多种多样，自由搭配，每种味道都深受人们喜爱。除了馅料，饺子的做法因地域不同，做法也不尽相同，捏出的形状有像鱼的有像星星的。如四川钟水饺、扬州蟹黄蒸饺、广东澄粉虾饺、上海锅贴饺、东北老边饺子、湖北金鱼饺、江苏苏州状元饺、四川广安鸳鸯饺等。

俗话说得好"人逢喜事精神爽，嘴遇饺子口水流"。请你自己动手制作一次饺子分享给你家人吧。

# 项目二 葱油饼的制作

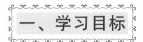

## 一、学习目标

1. 知识目标：能够熟练 掌 握在葱油饼制作过程中的词语及常用语。（zhǎng wò）

2. 能力目标：能够按照葱油饼制作流程在规定时间内完成葱油饼的制作。

3. 素质目标：掌握基础的中式烹饪技艺中的中华传统文化知识和历史来源，能熟练地运用中餐常见面点的操作技能。

## 二、制作准备

1. 设备、工具准备：

(1) 设备：案台、案板、炉灶、台秤、饼铛。

(2) 工具：面箩、擀 面 杖 、刀、油刷、和面盆、餐盘。（gǎn miàn zhàng）

2. 原料准备：

(1) 皮料：面粉 500 克、温水（25～40℃）350 克。

(2) 辅料：油 30 毫克、葱花 150 克、精盐 5 克。

## 三、情景对话

**场景 葱油饼制作**

（法特和米拉是对小夫妻，待在家的第二周，群里接龙的菜还没被送来，做什么饭好呢？）

米拉：今天咱们吃啥，我们的法特大师傅？

法特：冰箱里就剩几根葱了，菜还没送来怎么办？

米拉：那就吃点饼子熬个粥，你看着办。（áo）

法特：我给你做个葱油饼吧？

米拉：你什么都会做，不愧是我的全能丈夫！

法特：你只要天天夸我，天上的月亮我都给你做着吃。

米拉：哈哈哈，看来我丈夫不但做饭手巧，嘴也似抹了蜜的。葱油饼复不复杂？（mì）

法特：还行，首先要和面。葱油饼的面和起来是很有 讲 究的<sup>jiǎng jiu</sup>，不能一次性加入冷水，要分两到三次加入温水，和面的时候，不能像和拌面的面，不能使劲 搋<sup>chuāi</sup> ，轻轻地像这样揉<sup>róu</sup> 成面团就行，不要给面上劲。

**图片 1　葱油饼的制作——和面**

米拉：这么简单吗？那是不是可以直接上锅了？

法特：不行不行，还得醒 面<sup>xǐng miàn</sup> 饧上 20 分钟，咱们人要呼吸，面和好了也要呼吸呢（说着话，法特把一层保 鲜 膜<sup>bǎo xiān mó</sup> 敷在了面上）。

米拉：20 分钟到了哦，我肚子这会儿真有点儿饿了，粥都熬 稠<sup>chōu</sup> 了，咱啥时候可以 烙<sup>lào</sup>饼 子<sup>bǐng zi</sup> 了？

**图片 2　葱油饼的制作——下剂**

法特：这就可以下剂了（法特用食指按了按饧好的面）。

米拉：啥叫下剂？下药呢吗？

法特：哈哈哈，我的老婆大人，你太有想象力了，下剂就像这样，把面团揉成长条，用右手 拽<sup>zhuài</sup> 出几个大小基本一致的面剂子。

米拉：嚯<sup>huò</sup>，你手速好快。

场景　微课视频——葱油饼制作

**图片 3　葱油饼的制作——卷饼**

　　法特：那当然，我是老厨师了。接下来咱在案板子上撒上面粉，把面剂子擀成薄 <sup>báo bǐng</sup> 饼，刷上一层油，均匀地撒上葱花，再把薄饼从长的一边卷起来，像这样卷成一条，再盘起来，一按、一擀，这千层 <sup>bǐng pī</sup> 饼 坯不就出来了吗？

**图片 4　葱油饼的制作——擀饼**

　　米拉：我看明白了，你用了一个多小时，就是做了个手抓饼。

　　法特：呃，这么说也没错啊，咱们以前买回家的半成品手抓饼也是这个步 <sup>bù zhòu</sup> 骤 ，但是咱们现在不是在非常时期，买不到，咱就自己做呗，共产党教育咱们，自己动手，丰衣足食。

　　米拉：这话说得没毛病，在家待着，是政府为了咱们好，咱们也是经历过来了，不像第一次封闭时天天紧张兮兮的。既有时间在家好好做做饭，又有时间好好静下心看看书学习学习，在平日 <sup>máng lù</sup> 忙 碌的工作中难得 <sup>xián xiá</sup> 闲 暇，老公，你说得对，咱们这叫"既来之则安之"。

　　法特：咱们米拉觉 <sup>jué wù</sup> 悟就是高，你看你说话的工夫，我已经烤好一个了，快 <sup>chèn rè</sup> 趁 热吃。

## 四、字词解析

1. 专有名词

（1）油刷：[yóu shuā]用刷子蘸油涂抹的厨房用具。

（2）保鲜膜：[bǎo xiān mó]保鲜膜是一种塑料包装制品，微波炉食品加热、冰箱食物保存、生鲜及熟食包装等场合，在家庭生活、超市卖场、宾馆饭店以及工业生产的食品包装领域都有广泛应用。

2. 课文词语

（1）封闭：[fēng bì] 严密和彻底地封口，课文中指新冠疫情以来，为了阻断病毒传染，有些地方采取隔离在家、校区封闭措施。

（2）熬粥：[áo zhōu] 把粮食等放在水里，煮成糊状。

（3）抹蜜：[mǒ mì] 把蜂蜜抹在食物上，本文指妻子夸丈夫说话好听。

（4）讲究：[jiǎng jiu] 值得推敲的内容；值得注意的方法；指重视，讲求。

（5）搋：[chuāi] 捶打，本文指要把面团揉上劲。

（6）揉：[róu] 用手按着较软的东西反复搓动。

（7）醒面：[xǐng miàn] 醒面是指将和好的面，在进一步加工或烹饪前静置一段时间这一过程。

（8）稠：[chóu] 液体的浓度大。

（9）烙饼子：[lào bǐng zi] 面剂子做成的薄饼，主要由面粉（如属于小麦或荞麦的）和液体组成，经酵母发酵和在铁盘中两面反复烙成。

（10）拽：[zhuài] 拉，牵引。本文指下剂时双手配合，用手扯出大小相同的面团。

（11）嚯：[huò] 表示惊讶或赞叹。

（12）薄饼：[báo bǐng] 面食之一，用烫面做成很薄的饼，两张相重叠，在锅上烙熟后分开。

（13）饼坯：[bǐng pī] 又称"坯子"。经成型后具有一定形状，而未经熟制工序的面坯子。

（14）步骤：[bù zhòu] 事情进行得顺序：操作～。

（15）忙碌：[máng lù] 忙着做事，不得空闲；事情太多不得休息。

（16）闲暇：[xián xiá] 是指人们扣除谋生活动时间、睡眠时间、个人和家庭事务活动时间之外剩余的时间。换句话说，闲暇是指个人不受其他条件限制，完全根据自己的意愿去利用或消磨的时间。出自《孟子·公孙丑上》。

（17）觉悟：[jué wù] 意思是醒悟明白，由迷惑而明白，由模糊而认清，也指对道理的认识，进入一种清醒的或有知觉的新的状态。

3. 成语、俗语、短语

（1）丰衣足食：[fēng yī zú shí] 穿的吃的都很丰富充足。形容生活富裕。

自己动手，丰衣足食：[zì jǐ dòng shǒu，fēng yī zú shí] 是 1939 年 2 月，毛泽东在延安生产动员大会上针对根据地日益严重的经济困难局面，提出了"自己动手"的口号。随后各根据地逐步开展大生产运动。"自己动手，丰衣足食"的口号作为各根据地克服经济困难，实现生产自给的努力目标。在新中国成立后，当全国或某个地区出现经济困难的时候，此口号一直是党和政府鼓励人民生产自救的行动号令。

（2）紧张兮兮：[jǐn zhāng xī xī] 太过于紧张的意思。紧张是人体在精神及肉体两方面对外界事物反应的加强。

（3）既来之则安之：比喻既然来了，就要在这里安下心来。出自春秋战国孔子《论语·季氏》。

## 五、制作流程图

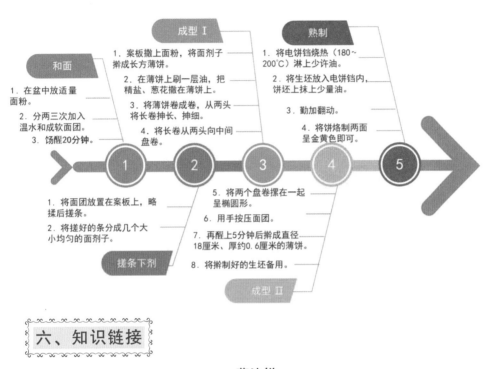

**和面**

1. 在盆中放适量面粉。

2. 分两三次加入温水和成软面团。

3. 饧醒20分钟。

**成型 Ⅰ**

1. 案板撒上面粉，将面剂子擀成长方薄饼。

2. 在薄饼上刷一层油，把精盐、葱花撒在薄饼上。

3. 将薄饼卷成卷，从两头将长卷抻长、抻细。

4. 将长卷从两头向中间盘卷。

**熟制**

1. 将电饼铛烧热（180~200℃）淋上少许油。

2. 将生坯放入电饼铛内，饼坯上抹上少量油。

3. 勤加翻动。

4. 将饼烙制两面呈金黄色即可。

**搓条下剂**

1. 将面团放置在案板上，略揉后搓条。

2. 将搓好的条分成几个大小均匀的面剂子。

**成型 Ⅱ**

5. 将两个盘卷摆在一起呈椭圆形。

6. 用手按压面团。

7. 再醒上5分钟后擀成直径18厘米、厚约0.6厘米的薄饼。

8. 将擀制好的生坯备用。

## 六、知识链接

### 葱油饼

葱油饼是北方地区特色小吃的一种，属闽菜或鲁菜菜系。主要用料为面粉和葱花，口味香咸。中国福建、山东威海、东北地区、河北等地都有该小吃分布，是街头、夜市的常见食品。

现如今，流传的葱油饼的来历主要有三种说法。

第一种说法是相传葱油饼早在东汉时期就已经在山东流传起来，其主要来历已经不可考究。

第二种说法是由东晋和尚支遁发明的。支遁是东晋的高僧、佛学家、文学家。据说，在支遁年轻的时候喜欢四处云游，在一次云游时他突发奇想就尝试着用葱、面粉做了一些饼子，之后他一下子就喜欢上了这种美食，每一次出游时都把这种饼子当作干粮备用。他每次到达一个地方时，当地的居民闻见这种饼子的香气，就向他讨教这种饼子的制作方法。而支遁也不惜吝啬地教他们如何做这种饼子。久而久之，这种饼子就开始慢慢地流传了起来。由于支遁被人们尊称为"支公"，这种饼子也被称为"支公饼"。

第三种说法是由唐朝著名的茶圣陆羽的师父西塔寺的智积禅师发明的。智积禅师很喜欢吃支公饼，在一次做支公饼时，他在支公饼的基础上做出了葱油饼。陆羽很喜欢吃这种饼子，经常当作茶点来享用。这三种说法流传最广泛的是葱油饼由支遁和尚发明而来，而第一种说法和最后一种说法流传得就比较少了。其实，葱油饼主要是在明朝开始出名的，当时就已经有了各种各样的做法。

我国最出名的葱油饼门店有广州"咏春"葱油饼、阿大葱油饼、闻喜葱油饼。其中，闻喜葱油饼已经有几百年的历史，大家有机会了可以去尝一尝。

## 中国人的"面食"情结

面食的历史可上溯到新石器时代，当时已有工具，可加工面粉，做成粉状食品。

面食在中国也拥有非常悠久的历史，并且可能是亚洲面食的主要发祥地之一。从饮食文化来说，远古时候的中国北方的"粟文化"（半坡、红山文化）与南方的"稻米文化"（河姆渡文化）呈双雄并立的局面。

我们现在常吃的面食主要是小麦提供的面粉，占面食的百分之九十以上，但是小麦占据主导的时间并不长，我们国家长期以种"粟"为主，粟也是最早被我们的祖先驯化的作物之一，也是最早的"五谷"之一。

但是自从先秦时期小麦传入中国之后，这种来自西亚的粮食作物就逐渐渗透到中国北方的农业区；汉朝之后，小麦的规模已经足以取代传统的"粟"，而"粟文化"也就演变成"小麦文化"了。

到春秋战国时期，已出现油炸及蒸制的面点，如蜜饵、酏食、糁食等。

到西汉时期是面食文化的第一个发展期。迄今为止，我国很多地方都出土了汉代的石磨，说明汉代面食的条件进一步普及。史载西汉时长安皇室的饮食制作机构专门设立了"汤局"，就是为皇帝和后妃们制作面食的，民间也有面食，但是当时加工面粉还是费时费力的活儿，毕竟那时候没有美团、饭饭1080°平台、超市。

汉、晋、南北朝时期直到隋唐时期面食的名称统称为"饼"。入锅用水煮熟，带汤而食的叫"汤饼"，入笼中蒸熟的叫"蒸饼"，在鏊中烙熟的叫"烙饼"。

东汉崔寔的《四民月令》中，还有记载农家面食，有蒸饼、煮饼、水溲饼。还有一种面食在汉、晋、南北朝时期一直被称"馎饦"（也作"不托""钚饦"），是指手扯面条或手揪面片。

《齐民要术》卷九"饼法"，"馎饦"接如大指许，二寸一段，着水盆中浸，宜以手向盆旁挼之使极薄，皆急火逐沸熟煮。

晋代的面食文化进一步发展，晋束皙（字广微）的《饼赋》对当时面食制品的原料面粉加工的精度、饼的生产、品种以及厨师制作过程等都有详细的记载。他说当时用的面粉是"重罗之面，尘飞雪白"制成的面团，皎洁韧劲，膏溹柔泽；又说制作而成的面条"柔如春棉，白若秋丝"，熟了调好盛在餐器中，"气勃郁以扬布，香飞散而远遍，行人垂涎于下风，童仆空嗛而斜盼，擎器者砥唇，侍立者干咽"。束皙的《饼赋》中所描写的是当时北方地区面食文化的情况，面条第一次明确地出现在了文人笔下，晋代北方的面食文化进一步发展。

唐代因社会达到了空前的繁荣，饮食进一步发展。当时皇宫里的御膳房制作面食品精益求精，而且包括皇后和妃子们也亲自动手制作面食。《新唐书·王皇后传》记载：王皇后失宠被废时，曾哭着对唐玄宗说："陛下独不念阿忠脱紫半臂易斗面、为生日汤饼邪！"可知唐宫中皇后、妃子们也会亲自制作面食，同时也说明唐代朝廷也有了过生日吃"长寿面"的讲究。

唐代民间面食也是花样百出，韦巨源的《烧尾宴食单》中就有20多种面点食品，其中"素蒸音声部"就是一组在造型上艺术性最高的面食制品。在长安饮食市场上，面食品更是千姿百态，其中槐叶冷淘是一种防暑降温时食用的凉面条（用槐叶汁水和面、类似今天的菠菜面和关中农村的野菜叶搓面），杜甫食后觉得有"经齿冷于雪"之感，还有供人们节日食用的"二十四气馄饨"等。

五代至今的一千多年里，中国人在面食品方面也下了大功夫，创造了最多的面食名品，仅就面条而言，有岐山的宽汤面、三原的疙瘩面、长安的臊子面、西安市场上的油泼面、炉齿面、杂酱面、刀削面……至于农村家庭常食的面类就更多了，如旗花面、清汤面、浆水面、米儿面、麻食面、煎饼、凉皮子等，可谓异彩纷呈、变化无穷。而且现在也不用自己从面粉开始制作，饭饭1080°平台提供各种食材原料、半成品，为老百姓省时、省力、省钱。

## 七、评价自测

| 评价内容 | 评价标准 | 满分 | 得分 |
| --- | --- | --- | --- |
| 词语掌握 | 在学习做葱油饼的过程中能够熟练运用本课20个常用词语 | 20 | |
| 语法掌握 | 做葱油饼时能够熟练运用口语进行表述并且符合逻辑、语法运用合理 | 20 | |
| 成型手法 | 葱油饼采用卷、盘、擀制成型的手法正确 | 20 | |
| 成品标准 | 色黄油润、外脆内软、葱香浓郁、酥脆可口 | 20 | |
| 装盘 | 成品与盛装器皿搭配协调、造型美观 | 10 | |
| 卫生 | 工作完成后，工位干净整齐、工具清洁干净、摆放入位 | 10 | |
| 合计 | | 100 | |

## 八、课后练习

（一）选择题

1."薄饼"的读音是（　　）。

A. báo bǐng　　B. bǒ bǐng　　C. bó bǐng

2.文中饼子熟制用的什么方法（　　）。

A. 烙　　B. 炒　　C. 煎　　D. 烤

（二）判断题

1.调制温水面团时要注意的是热天用冷水。（　　）

2.擀制面坯时擀得越厚口感越好。（　　）

（三）制作题

自己动手制作一次葱油饼分享给老师、同学或是家长，请他们品尝后并给出意见和建议。

# 项目三　葱香花卷的制作

## 一、学习目标

1. 知识目标：能够熟练掌握在葱香花卷制作过程中的词语及常用语。

2. 能力目标：能够利用酵母（jiào mǔ）、温水调制软硬适度的发酵粉蓬松（péng sōng）面团，完成葱香花卷的制作。

3. 素质目标：热爱本职工作，有全心全意为人民服务的思想和良好的职业道德。

## 二、制作准备

1. 设备、工具准备：

（1）设备：案台、案板、炉灶、台秤、蒸锅（zhēng guō）。

（2）工具：和面盆、笊篱、手勺、餐盘。

2. 原料准备：

（1）皮料：低筋（dī jīn）面粉 500 克、发酵粉 8 克、泡打粉 5 克、温水（25～40℃）250 克。

（2）辅料：油 30 毫克、葱花 150 克。

## 三、情景对话

**场景一　发面**

（李雷和刘涛这学期正好在阿克苏的柯坪县实习，天天吃食堂的饭，周末了两人想改善一下伙食。）

李雷：今天不知道怎么回事，特别想吃妈妈做的土鸡焖花卷。

刘涛：这有啥难的？我妈也经常给我做，走，咱们去巴扎买些材料，今天给你露一手。

李雷：好嘞，真是好兄弟！（李雷感动得眼泪哗哗的）

（不一会儿，两人就从巴扎买来了所有食材。）

李雷：咱们先吃点儿馕垫一下肚子，这发面跟炖鸡做出来起码得一个小时。

刘涛：好啊，你别说我以前在家很少吃馕，来这儿实习顿顿都缺不了馕了。

李雷：是啊，这里的土地虽然贫瘠，但是打出的馕真好吃。

刘涛：确实啊，阿克苏的米好、面也好。

李雷：对啊，确实是好地方。来，我给你打下手。

（此时，刘涛已经把面和泡打粉倒进面盆里准备和面了。）

刘涛：来，你帮我弄一小碗温水，不要太烫，手指伸进去是温热的就可以了。

李雷：你摸摸行不？

刘涛：可以了。来，把这个发酵粉倒进温水里，用筷子搅匀。

李雷：咦！我看我妈以前都是直接把发酵粉倒到干面粉里啊？为啥要倒到温水里？

刘涛：每个人做饭方法不一样吧，我这样能够更好地激发出发酵粉的活性，发出的面更加蓬松暄软，又好吃。

李雷：我搅匀了，现在往面里倒水吗？

刘涛：好，慢慢倒。

（李雷徐徐将碗里的发酵粉水倒进面盆中。）

李雷：你看，面要搅成雪花片状，然后把面均匀搓透，和面有三光：面光、手光、盆光。

刘涛：欸，没见你怎么使劲啊，面就和好啦？

李雷：对啊，发面的面跟饺子面一样，也是不能使劲搋的，不然面太有劲了就发不开。

刘涛：原来如此，以前我就光等着吃了，不知道我妈都是怎么做的，那现在是不是要找个毛巾把面盖起来？这点我还是知道的。

李雷：哎呦！不错哦，来，把这个干净的湿布盖在面上，放到咱卧室东边的窗台上饧。

刘涛：嘿！兄弟，原来做饭也不是很难嘛，但还是要注意细节啊。

李雷：呵呵，有空我给你做其他饭，做饭这个事儿，只要你想学，什么时候都不晚，走，咱们先把鸡去剁了。

## 场景二　成型

（正值酷暑，赛非娅跟着朋友一起到山里避暑，找了间不错的农家乐，老板熬了羊肉汤，正准备再蒸些花卷。）

赛非娅：老板，你今天是准备给我们做馍馍吃吗？

老板：我早上发好的面，准备给你们蒸个花卷，就着羊肉汤和皮辣红一起吃。

赛非娅：哇！想一想都饿了，我都闻到羊肉汤味儿了。

老板：你这小丫头鼻子尖得很，羊肉汤炖了一个多小时了，等花卷再蒸出来就可以吃了。

赛非娅：这山里的羊果然跟城市的羊不一样啊，好香啊，没有一点点膻味。

老板：对啊，我们这里的羊每天满山跑呢。

赛非娅：呦，老板，你这面发得不错啊，看起来很暄腾。

老板：好歹咱也是老师傅了啊，没点儿手艺怎么欢迎你们这些远道而来的顾客呢？

（说着话，老板把满满一盆发面倒到案板上，开始揉）

**图片1 葱香花卷成型——擀饼**

赛非娅：那是必需的，老板手艺确实可以呢，是我吃的农家乐里面顶尖的。

**图片2 葱香花卷成型——抹油酥**

老板：你这小丫头不但鼻子尖，嘴也甜得跟蜜儿一样。

赛非娅：呵呵呵，谢谢老板夸奖。老板你这是要把面擀成薄饼吗？

老板：对啊，把这片面擀成个长薄饼，均匀地撒上葱花和一点盐，把这个薄饼从长边卷起来。

**图片3 葱香花卷成型——对折饼皮**

赛非娅：噢，原来是这样做的，葱要包进去啊。

场景二微课视频——葱香花卷的制作

**图片 4　葱香花卷成型——卷花卷**

老板：是啊，不然你以为葱花是最后撒上去的啊。

赛非娅：嘿嘿，你还真说对了，我以前真这么以为的。老板你现在是要切面吗？

老板：是啊，刚卷起来的长条面，咱把它切成大小均匀的小段，然后捏着两边拉长，再折成三段，再这么一扭，一个花卷就做成了。

赛非娅：欸，老板你慢一点儿，我都没看明白你咋做的，一个花卷就完事了？

老板：咋？你这小丫头真学呢？回家去做呢吗？

赛非娅：您看您这话说得，俗话说会吃不如会做，万一哪天我必须自己动手做呢，不是也得会吗。

老板：不错啊，年纪轻轻倒是很好学，来，我慢动作再给你教一遍，你拿个面剂子跟我学。

## 四、字词解析

1. 专有名词

（1）发酵粉：［fā jiào fěn］发酵粉是一种复合添加剂，主要用作面制品和膨化食品的生产。

（2）低筋面粉：［dī jīn miàn fěn］低筋面粉简称"低粉"，又叫"蛋糕粉"。低筋面粉是指水分 13.8%、粗蛋白质 9.5% 以下的面粉，通常用来做蛋糕、饼干、小西饼点心、酥皮类点心等。

（3）柯坪县：［kē píng xiàn］明末清初时，汉族称柯坪为"克勒品"，维吾尔语称"柯尔坪"，直至 1903 年设分防县丞时才定为柯坪，沿用至今。柯坪，传说为"洪水"或"地窝子"之意。柯坪县位于新疆南部，阿克苏地区最西端，处于天山支脉阿尔塔格山南麓、塔里木盆地北缘。行政区域面积 8912 平方千米，其中山区面积 6393 平方千米，占县域总面积的 53%。

（4）土鸡焖花卷：［tǔ jī mèn huā juǎn］新疆大盘鸡分两个类型：一个是沙湾的土豆青椒炖土鸡配皮带面；另一个是最近新疆流行的小土鸡焖花卷有点改良的意思，很多内地的朋友可能还没有听过。

（5）巴扎：［bā zhā］意为集市、农贸市场，它遍布新疆城乡，在南疆维吾尔人聚居地区，差不多每个乡镇、交通路口，都有巴扎。

（6）馕：［náng］一种烤制成的面饼，维吾尔族、哈萨克等民族当作主食。

（7）泡打粉：［pào dǎ fěn］是一种复配蓬松剂，由苏打粉添加酸性材料，并以玉米粉为填充剂制成的白色粉末，又称"发泡粉"和"发酵粉"。泡打粉是一种快速发酵剂，主要用于粮食制品之快速发酵。在制作蛋糕、发糕、包子、馒头、酥饼、面包等食品时用量较大。

（8）农家乐：[nóng jiā lè] 又称"休闲农家"。主要以农户为单元，以农家院、农家饭、农产品等为吸引物，提供农家生活体验服务的经营形态。是休闲农业4个基本形态之一。

（9）皮辣红：[pí là hóng] 皮辣红，是新疆的一种特色凉菜，集开胃、解腻、降脂于一体。新疆人把洋葱叫"皮芽子"，再加上西红柿、辣椒，加入适当配料调在一起的一道凉菜。

2. 课文词语

（1）蓬松：[péng sōng] 松软不紧密，本文指发面发得好，松软的样子。

（2）腻：[nì] 通常用来形容食物，如食物的油腻，也可形容人或人的行为惹人讨厌。

（3）烫：[tàng] 温度高，皮肤接触温度高的物体感觉疼痛。如烫手、烫嘴。

（4）激发：[jī fā] 刺激引发。

（5）活性：[huó xìng] 原来是从溶液离子的活动度和酶的活性开始，上至高级生命系统和生理机构的功能活动都适用的一种极其概括的非专门术语。活性是指具有生命力能够顽强活跃下去的一种活动性质。

（6）暄软：[xuān ruǎn] 本义是指温暖，在方言中有松散、松软之意。

（7）搓：[cuō] 把东西放在手心运转。

（8）酷暑：[kù shǔ] 指夏季的天气到了非常炎热的盛暑阶段（三伏节气）。盛暑；大热天。

（9）炖：[dùn] 一种烹饪方法。把原料连同调料放入锅中，加一定量的水，烧开后用文火久煮使熟烂。

（10）膻味：[shān wèi] 一般指羊身上的臊气，也泛指臊气。

（11）暄腾：[xuān teng] 本文指发好的面松软的样子。

# 五、制作流程图

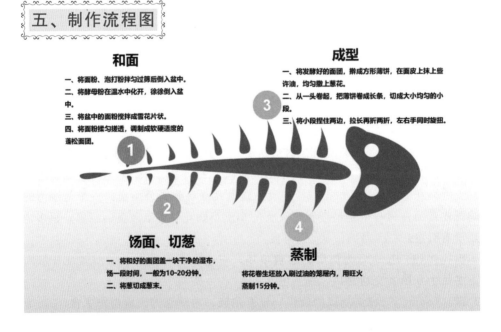

**和面**

一、将面粉、泡打粉拌匀过筛后倒入盆中。

二、将酵母粉在温水中化开，徐徐倒入盆中。

三、将盆中的面粉搅拌成雪花片状。

四、将面粉揉匀搓透，调制成软硬适度的蓬松面团。

**成型**

一、将发酵好的面团，擀成方形薄饼，在面皮上抹上些许油，均匀撒上葱花。

二、从一头卷起，把薄饼卷成长条，切成大小均匀的小段。

三、将小段捏住两边，拉长再折两折，左右手同时旋扭。

**饧面、切葱**

一、将和好的面团盖一块干净的湿布，饧一段时间，一般为10~20分钟。

二、将葱切成葱末。

**蒸制**

将花卷生坯放入刷过油的笼屉内，用旺火蒸制15分钟。

## 六、知识链接

### 花卷的由来

花卷是和包子、馒头类似的面食。是一种古老的中国面食，很家常的主食，可以做成椒盐、麻酱、葱油等各种口味。营养丰富，味道鲜美，做法简单。将面制成薄片拌好作料后卷成半球状，蒸熟即可。

相传三国时期，蜀国丞相诸葛亮率兵攻打南蛮，七擒七纵蛮将孟获，使孟获终于臣服。诸葛亮班师回朝，途中必须经过泸水。

军队车马准备渡江时，突然狂风大作，浪击千尺，鬼哭狼嚎，大军无法渡江。此时诸葛亮召来孟获问明原因。原来，两军交战，阵亡将士无法返回故里与家人团聚，故在此江上兴风作浪，阻挠众将士回程。大军若要渡江，必须用49颗蛮军的人头祭江，方可风平浪静。

诸葛亮心想：两军交战死伤难免，岂能再杀49条人命？他想到这儿，遂生一计，即命厨子以米面为皮，内包黑牛白羊之肉，捏塑出49颗人头。然后，陈设香案，洒洒祭江。

从此，在民间既有了"馒头"一说，诸葛亮也被尊奉为面塑行的祖师爷。明代郎瑛在其笔记《七修类稿》中记载："馒头本名蛮头，蛮地以人头祭神，诸葛之征孟获，命以面包肉为人头以祭，谓之'蛮头'，今讹而为馒头也。"

诸葛亮创始的馒头，毕竟里面加上了牛羊肉馅，工序复杂且花费较多。于是，后人便将做馅的工序省去，就成了馒头。而有馅的，则称为"包子"，捏有很多褶皱像花开一样的，就起名为"花卷"。

### 巴扎

"巴扎"，"Bazaar"系波斯语，意为集市、农贸市场。它遍布新疆城乡。这里平时有若干店铺，供售日杂百货。一到巴扎天（每星期一次，多在星期五或星期日；相邻的几个巴扎，可将时间错开），方圆几十里的群众纷纷前来"赶巴扎"。小商小贩们也抓住时机，在巴扎上占位设摊，扬声叫卖。一些农民也把自家生产的少量瓜果、蛋禽、羊只、手工制品之类拿到巴扎上兜售。卖小吃、冰水、酸奶的也穿插其间，一时人如潮涌，热闹非凡。假如这时有一两辆汽车慢慢地通过巴扎大道，那车鸣、驴叫、人喊，交织而成的高八度，简直就是一首巴扎"交响乐"。

新疆因地处"丝绸之路"这条中西贸易通道的中段，各族人民特别是维吾尔人具有重商、崇商、经商的传统。新疆各地的巴扎，就是他们长期从事商贸活动的场所。到新疆旅游的中外客人多爱到巴扎逛游、购物，体会西域巴扎的风情。

## 七、评价自测

| 评价内容 | 评价标准 | 满分 | 得分 |
|---|---|---|---|
| 词语掌握 | 在学习做葱香花卷的过程中能够熟练运用本课 11 个常用词语 | 20 | |
| 语法掌握 | 做葱香花卷时能够熟练运用口语进行表述并且符合逻辑、语法运用合理 | 20 | |
| 成型手法 | 葱香花卷采用叠和挤压成型的手法正确 | 20 | |
| 成品标准 | 形状美观、色泽洁白、入口松软 | 20 | |
| 装盘 | 成品与盛装器皿搭配协调、造型美观 | 10 | |
| 卫生 | 工作完成后，工位干净整齐、工具清洁干净、摆放入位 | 10 | |
| 合计 | | 100 | |

## 八、课后练习

（一）选择题

1. 发酵粉的"酵"字读（    ）。

A. xiào    B. jiào    C. zhào    D. jiǔ

2. 文中的发酵粉是放到（    ）。

A. 面里    B. 泡打粉里    C. 温水里    D. 凉水里

（二）判断题

1. 面和好后，敞着放到阳台上。（    ）

2. 发好的面不用擀，直接揪面剂子卷花卷。（    ）

（三）制作题

花卷是一种古老的面食，可以做成椒盐、麻酱、葱油等各种口味。花卷营养丰富，味道鲜美，很适合当早饭。现在很多人选择五谷杂粮的主食，请你动手制作一次五谷杂粮花卷，分享给老师、同学或家人。

# 项目四 提褶包子的制作

## 一、学习目标

1. 知识目标：能够熟练掌握在购物和提 褶（tí zhě）制作过程中的词语及常用语。
2. 能力目标：能够按照提褶包子制作流程在规定时间内完成提褶包子的制作。
3. 素质目标：培养学生按时吃早餐的习惯和对中华饮食文化的兴趣。

## 二、制作准备

1. 设备、工具准备：
（1）设备：蒸笼、饧箱、工作台。
（2）工具：刮板、尺板、油盆、油刷、马斗、擀面杖、面盆、餐盘。
2. 原料准备：
（1）皮料：面粉500克、干酵母（gàn jiào mǔ）10克、温水或牛奶300毫升、白糖25克。
（2）馅料：肥瘦牛肉馅500克、马蹄100克、葱100克、清汤200毫升、姜5克（若不爱吃葱和姜可用等量葱姜水代替）。
（3）调料：盐7克、酱油25毫升、香油20毫升、鸡精3克、胡椒粉0.5克、白糖2.5克、牛油50克、料酒10克。

## 三、情景对话

**场景一　下剂制皮**

（在宿舍）

艾力：亚森，快起来，我们该去吃早饭了。

亚森：艾力，我太困（kùn）了，还想再睡一会儿，我不吃饭了，你去吃吧！

艾力：那可不行，亚森，不吃早饭是一种非常不健康的行为，对人的胃肠道乃至全身，都有较大的伤害，容易引发胃溃疡、胆结石、低血糖这样的疾病，再说了人是铁饭是钢，一顿不吃饿得慌。你早上不吃早饭，还会影响你一天的学习效率的！

亚森：好吧，你说得对。我这就起床洗漱跟你去吃早饭，你刚才说话的口气特别像我妈，让人瑟瑟发抖……

（在食堂）

艾力：老板，您好！请问今天早餐有些什么？

老板：今天早晨吃的有小笼包、牛肉馅饼、油条、花卷、肉夹馍，喝的有奶茶、豆浆、牛奶、稀饭，同学，你要吃点什么？

艾力：我想吃小笼包，老板你的小笼包有些什么口味的？

老板：有青椒火腿、牛肉胡萝卜和豆沙馅儿的，味道都很不错，特别是牛肉胡萝卜的，同学们吃了都赞不绝口！

艾力：那我来一笼牛肉胡萝卜！亚森，你呢？

亚森：我来一笼青椒火腿的吧，以前没吃过这个口味的，今天试试！老板，我们要一笼青椒火腿、一笼牛肉胡萝卜，两笼给我们便宜点呗！薄利多销嘛！

老板：好呢行呢，本来一笼6元，今天两笼就收你们11元行了。我们的小笼包是请的杭州小笼包大厨制作的，面皮均是揪成大小一致，重约50克的面剂子，再将面剂子按扁，用擀面杖擀成外薄内略厚，直径8~10厘米的圆形皮子，因此成品包子不仅大小均匀，还皮薄馅儿多，松软可口，你们要是觉得不错，可以给舍友推荐我们店，也欢迎你们当"回头客"。

亚森、艾力：好嘞，谢谢老板！

## 场景二　提褶

（实训室，艾力和亚森正在尝试制作提褶包子）

亚森：不知怎么搞的，为什么我就做不好这个褶，每次包出来都不均匀。艾力，你说做包子为什么要提褶，做成馒头加馅儿不是也挺好的吗？

艾力：亚森，虽说包子好吃不在褶上，但是包子好看一定在褶上！不仅要好吃，也要好看，这是咱们中国饮食文化的特点。做不好你也不要着急，俗话说欲速则不达，包包子也需要耐心的，你可以举手让刘老师过来给我们再次示范一下。

亚森：好吧！（举手）刘老师！

刘老师（来到亚森身边）：亚森，有什么问题吗？

亚森：刘老师，我尝试了好几次提褶，不知道哪个环节（huán jié）出了问题，我的褶总是不均匀。

刘老师：那老师给你示范一次，你看好。首先，我们要把馅料放在包子皮的正中间，这样包出来的包子褶会比较均匀；其次，捏褶的时候，用右手大拇指控制整个节奏，捏的所有的褶，不要让它掉队，保持均匀的长度，也就是我们每一个褶的跨度，基本上要给它保持一致，这样包子褶会更加细腻；最后，收口的时候，给你提示一个小技巧，就是在收口的位置，我们可以放一根手指进去，把边缘给捏上来再收口。怎么样，学会了吗？

场景二微课视频——提褶包子的制作

**图片　提褶包子的制作——提褶**

亚森：真是难者不会，会者不难。老师，您提褶真的是又快又好！我要再试试！

老师：熟能生巧，记住要点，多练几遍，你肯定也没问题的！

亚森：好的，谢谢老师。

## 四、字词解析

1. 专有名词

亚森：〔yǎ sēn〕人名。

2. 课文词语

（1）困：〔kùn〕①陷在艰难痛苦中或受环境、条件的限制无法摆脱：为病所～。想当年当（dàng）无可当，卖无可卖，真把我给～住了。②控制在一定范围里；围困：～守。把敌人～在山沟里。③困难：～苦。～厄。④疲乏：～乏。～顿。⑤睡：～觉。天不早了，快点～吧。

（2）胃肠道：〔wèi cháng dào〕指的是从胃至 肛 门 的消化管，包括胃、小肠、大肠等
<sub>gāng mén</sub>
部位。

（3）乃至：〔nǎi zhì〕甚至；以至于。

（4）胃溃疡：〔wèi kuì yáng〕指发生在胃角、胃窦、贲门和裂孔疝等部位的溃疡，是消化性溃疡的一种。

（5）胆结石：〔dǎn jié shí〕是指胆道系统包括胆囊或胆管内发生结石的疾病。

（6）低血糖：〔dī xuè táng〕是指成年人空腹血糖浓度低于 2.8mmol/L，症状通常表现为出汗、饥饿、心慌、颤抖、面色苍白等，严重者还可出现精神不集中、躁动、易怒甚至昏迷等。

（7）效率：〔xiào lù〕①单位时间完成的工作量。②指最有效地使用社会资源以满足人类的愿望和需要。

（8）洗漱：〔xǐ shù〕指洗脸漱口，对面部器官的清洗。

（9）笼：〔lóng〕①用竹篾、木条编成的盛物器、罩物器或养鸟、虫的器具：灯～。鸡～。②旧时囚禁犯人的东西：囚～。牢～。〔lǒng〕①遮盖，罩住：～罩。②用手段拉拢人：～络人心。③概括而不分明，不具体：～统。

（10）推荐：［tuī jiàn］指介绍好的人或事物希望被任用或接受。

（11）尝试：［cháng shì］试一试；试验。

（12）环节：［huán jié］① 某些动物（如蚯蚓、蜈蚣等）的躯体中许多相连接而又能伸缩的环状结构。②比喻互相关联的事物中的一个。

（13）饮食：［yǐn shí］①吃喝。②指饮品和食品。

（14）示范：［shì fàn］做出榜样或典范，供人们学习。

（15）控制：［kòng zhì］指掌握住对象不使任意活动或超出范围；或使其按控制者的意愿活动。

（16）掉队：［diào duì］①结队行进中落在队伍的后面。②喻指落后。

（17）节奏：［jié zòu］①音乐中交替出现的有规律的强弱、长短的现象。②比喻有规律的工作进程。

（18）跨度：［kuà dù］①建筑物中两端的支柱、桥墩或墙等承重结构之间的距离。②指时间上相隔的距离：时间～大。

（19）细腻：［xì nì］①精细光滑。［近］细密。［反］粗糙。②指文艺作品的描写或表演细致入微。［近］细致。［反］粗疏。

（20）边缘：［biān yuán］①沿边的部分：～区。②（形）靠近界线的；同两方面或多方面有关系：～学科。

（21）技巧：［jì qiǎo］①巧妙的技能（指艺术、工艺、体育等方面）：雕塑～/写作～。［近］技艺。②技巧运动的简称：～比赛。

3. 成语俗语

（1）瑟瑟发抖：［sè sè fā dǒu］指因寒冷或害怕而不停地哆嗦。

（2）赞不绝口：［zàn bù jué kǒu］赞美得不住口。指连声称赞。

（3）薄利多销：［bó lì duō xiāo］一个产品或商品赢利少，但售出数量很大利润仍然不小。

（4）回头客：［huí tóu kè］指商店、饭店、旅馆等再次光顾的顾客。

（5）欲速则不达：［yù sù zé bù dá］指一味性急图快，反而达不到目的。

（6）难者不会，会者不难：［nán zhě bù huì，huì zhě bù nán］困难的事情对于一般人来说，难以解决是因为不懂，而对于有本事的人或行家来说，一点儿也不难。

# 五、制作流程图

步骤一：将肉馅放入盆中，加入糖、胡椒粉、料酒和酱油。
步骤二：汤要分次打入，第一次打入要使馅吃透水分，然后打入第二次。
步骤三：打匀后加入牛油、葱、姜、马蹄和香油。
步骤四：加盐，搅拌均匀，盖上保鲜膜，放入冰箱备用。

将和好的面团盖一块干净的湿布，放置于室温，饧面20~30分钟。

揪成大小一致，重约50克的剂。

**制馅** ➤ **和面** ➤ **饧面** ➤ **搓条** ➤ **下剂**

步骤一：将面粉放入盆中。
步骤二：将酵母、白糖、水（30℃左右）分两至三次倒入盆中。
步骤三：用搅拌法将面粉搅拌成雪花片状。
步骤四：将面揉匀揉透，和成软硬适中的水调面团。

将发面团搓成粗细均匀的条状。

将包好的包子生坯放入饧箱。（饧箱温度30~30℃，湿度80~85℃，时间10~15分钟）

**制皮** ➤ **上馅** ➤ **成型** ➤ **饧制** ➤ **熟制**

左手拿皮，右手拿尺板，将馅心装入面皮内。

将面剂子按扁，用擀面杖擀成外薄内略厚，直径8~10厘米的圆形皮子。

步骤一：用左手托起成碗状，用右手拇指、食指捏住面皮边缘提起，从右至左捏褶。
步骤二：捏褶要均匀。
步骤三：封口要严谨，不破皮露馅，要求达到18~24个褶。
步骤四：将包好的包子生坯放到饧盘内。

步骤一：将包子生坯均匀码入屉中。
步骤二：蒸制过程中不要开盖，旺火沸水蒸制15分钟即可。
步骤三：将蒸好的包子出锅。

# 六、知识链接

## 包子的历史

包子原称"馒头"。中国人吃馒头的历史，至少可以追溯到先秦时期。战国文献《事物绀珠》记载"秦昭王作蒸饼"，"蒸饼"即馒头（包子）的前身之一。

三国时期，馒头有了自己正式的名称，谓之"蛮头"。宋代高承编撰的《事物纪原》："诸葛亮南征，取面画人头祭之。"相传，三国时期，诸葛亮七擒七纵收服孟获后，行到泸水时，军队无法渡河，于是将牛羊肉斩成肉酱拌成肉馅，在外面包上面粉，做成人头模样，祭祀后大军顺利渡河。这种祭品被称作"蛮首"也叫作"蛮头"，后来称为"馒头"。

唐宋时期，馒头逐渐成为殷富人家的主食。唐人把它叫作"笼饼"。古人把面食统称为"饼"，如汤面叫作"汤饼"，上笼蒸熟的面点就叫"笼饼"。

"包子"这个名称的使用始于宋代。馒头因包有馅，又被称作"包子"。宋《燕翼诒谋录》记载有："仁宗诞日，赐群臣包子。"包子后注曰："即馒头别名。"南宋《梦粱录》中的"酒肆"记载：酒店内专卖灌浆馒头、薄皮春茧包子、虾肉包子等。这里称呼的"包子"应该就是方言中的"包子"。这时包子的馅料已经非常丰富了，不过依旧是馒头、包子不做具体划分的。

到了清代，馒头和包子终于有了明确的区分。《清稗类钞》中记载：馒头，一曰馒首，屑面发酵，蒸熟隆起成圆形者，无馅，食时必以肴佐之，南方之所谓馒头者，亦屑面发酵蒸熟，隆起成圆形，然实为包子，包子者，宋已有之。

**关于包子的歇后语：**

肉包子打狗——有去无回

万岁爷卖包子——御驾亲征（蒸）

三斤面包个包子——好大的面皮；皮厚

热包子掉底——露了馅

包子没馅——蛮（馒）头

包子馒头做一笼——大家都争气

包子吃到豆沙边——尝到甜头

黄泥巴做馍馍——土包子

包子熟了不揭锅——窝气

大口啃住包子馅——抓重点

一口吃十二个包子——好大的胃口

开笼的包子——热气腾腾的

### 美丽传说故事——天津"狗不理"包子的来历

据传在清朝咸丰年间，河北武清县的杨村（现天津市武清区）有个年轻人，名字叫高贵友，因其父在40岁的时候得子，为求得儿子一生平安，便把乳名起成"狗子"，在心里期望，他能够像小狗一样泼辣、结实好养活（按照我国北方习俗，这样的名字隐藏着挚爱、淳朴、善良的亲情关系）。

狗子在14岁时来天津学艺，在天津南运河边上的刘家蒸吃铺做小学徒，狗子勤奋好学，又心灵手巧，深得师父的喜爱，加上师父的精心指点，高贵友做包子的手艺不断长进，练就了一手的巧活，很快在那周围就很有名气了。

高贵友学艺三年满期后，已经学会并精通了包子的各种手艺，于是离开师门独立出来，自己开办了一家经营包子的小吃铺叫"德聚号"。他用猪肥瘦结合部分的五花肉以3∶7的比例，配合添加排骨汤放入，再加作料香油、酱油、姜末、葱末、五香粉等，精心调拌，做成包子馅料。包子皮采用石磨磨出小麦粉，经过纱网过滤出细麦粉，并发酵成半发面，在和面、搓条、放剂之后，擀成大小像拳头似的、薄厚均匀的圆形皮，包入馅料，用手指精心捏褶，同时用力将褶捻开，每个包子有固定的 15 个褶，褶花疏密统统一致，像白菊花形，最后上锅灶台用蒸汽制熟而成。

由于高贵友手艺精巧，又会做事，他的包子货真价实从不掺假，制作的包子柔软鲜香，多吃而不腻，特别是包子的形态似菊花，而色香味美，别具一格，富有当地独有的特色，引得周边百余里路的人群，络绎不绝前来品尝，生意做得十分兴隆而且名声在外。由于来吃的人与日俱增，高贵友忙得顾不上招呼来吃的顾客，这样一来，吃包子的人便急了眼，都嘲笑并戏称"狗子卖包子，不理人"。

久而久之，人们喊顺了嘴，都叫他"狗不理"，就把他所经营的包子称作"狗不理包子"，而原店铺"德聚号"的字号就这样渐渐地被人们淡忘了。根据传说，袁世凯就任直隶总督，在天津训练新军的时候，曾经把"狗不理"包子当作贡品进京献给慈禧太后。慈禧太后经过品尝后欣喜若狂道："山中走兽云中雁，陆地牛羊海底鲜，不及狗不理香矣，食之长寿也。"由于受到"老佛爷"的夸赞，从此，"狗不理"包子的名气传遍全国，逐渐在各地许多地方开设分店。

后来高贵友为扩大经营，就又琢磨出一个经营的新点子：在本店桌上放上干净的筷子，顾客想买包子时，把零钱放进碗内，然后按照碗里钱的多少再按价格发给一定数量的包子，食客们吃完包子后，放下碗、筷走人，而店主高贵友忙得不发一言，这时街坊邻里们都取笑他又说："狗仔卖包子，一概不理睬。"后来，那些好管闲事的街坊邻里，就把他的包子铺改名为"狗不理"，把他制作的包子叫作"狗不理包子"，而高贵友丝毫没有在意铺店的名称，反而使"狗不理"远近闻名，一直流传至今！

从此以后，这个"狗不理"包子以味道鲜美而誉满全国，还名扬中外。狗不理包子备受各地欢迎，关键在于用料精细，制作讲究，在选料、配方、搅拌以至揉面、擀面都有一定绝活，做工和同行们相比更是技高一筹，特别是包子褶花匀称，每个包子都是 15 个褶。刚出蒸笼的包子，整齐匀称，柔和清香，看上去如薄雾之中含苞待放的秋菊，让人眼前一亮，垂涎欲滴，多吃食而不腻，一直深受当地百姓的喜欢和青睐并流传至今。

## 七、评价自测

| 评价内容 | 评价标准 | 满分 | 得分 |
|---|---|---|---|
| 词语掌握 | 在制作提褶包子交流的过程中能够熟练运用本课 27 个词语、成语 | 20 | |
| 语法掌握 | 能够熟练运用口语进行表述并且符合逻辑、语法运用合理 | 20 | |
| 成型手法 | 提褶包子采用提褶捏成型的手法正确 | 20 | |
| 成品标准 | 外皮洁白绵软、提褶均匀美观、馅心鲜香、口味鲜美 | 20 | |
| 装盘 | 成品与盛装器皿搭配协调、造型美观 | 10 | |
| 卫生 | 工作完成后，工位干净整齐、工具清洁干净、摆放入位 | 10 | |
| 合计 | | 100 | |

## 八、课后练习

（一）选择题

1. 她那件丝绒大衣，摸着（  ）光滑，手感真好。

A. 粗糙　　　　B. 油腻　　　　C. 细腻　　　　D. 细致

2. 他做数学题得心应手，大家对他（  ）。

A. 瑟瑟发抖　　B. 赞不绝口　　C. 薄利多销　　D. 有目共睹

（二）判断题

1. 狗不理包子是北京著名的风味小吃。（  ）

2. 酵母分为液体鲜酵母、压榨鲜酵母和活性干酵母三种。（  ）

（三）制作题

周末到了，你准备给父母露一手，让他们尝一尝你最近学会制作的提褶包子，请按照制作流程，制作一份三人量的提褶包子。

# 项目五　五仁芝麻酥饼的制作

## 一、学习目标

1. 知识目标：能够熟练掌握有关开酥、参观品茶过程中的词语及常用语。
2. 能力目标：能够按五仁芝麻酥饼制作流程，在规定时间内完成五仁芝麻酥饼的制作。
3. 素质目标：培养学生遵守食品安全要求和行业规范，了解茶文化，提升文化自信。

## 二、制作准备

1. 设备、工具准备：

（1）设备：案台、台秤、烤盘、烤箱。

（2）工具：面箩、走锤（chuí）、擀面杖、刀、刷子、尺板、刮板、不锈钢盆、配菜盘、餐盘。

2. 原料准备：

（1）水油面用料：面粉 300 克、猪油 100 克、水 180 毫升。

（2）干油酥：面粉 200 克、猪油 100 克。

（3）馅料：清水 100 毫升、花生仁 20 克、瓜子仁 20 克、松子仁 20 克、瓜条 10 克、核桃仁 20 克、熟芝麻 20 克、白糖 250 克、毫升酒 10 毫升、香油 10 毫升、高粉 20 克、金橘饼 10 克、色拉油 10 毫升、桂花酱 15 克。

（4）辅料：鸡蛋 1 个、芝麻仁 200 克。

## 三、情景对话

### 场景一　开酥

（艾力和同学们前往团圆食品厂参观）

李经理：烹饪班的同学们，欢迎你们来到团圆食品厂参观！我叫李辉，是生产部经理，今天由我带你们参观工厂。参观期间，如果有问题请随时提问，我将一一为你们解答。希望你们能了解我们厂，今后来这里就业！

艾力和同学们（异口同声）：好的，谢谢李经理！

李经理：这是我们的办公区，我们所有的行政部门都在这儿：销售部、会计部、人事部、市场调查部等。

艾力：李经理，我们能看看你们的生产车间吗？

李经理：当然可以，请这边来。同学们，这里有干净的工衣、工鞋、卫生帽、手套和口罩，请大家先换装，为了保证食品的安全，我们加工厂对卫生有非常严格的要求，必须全套工装才能进入工作区域，还望大家理解！

艾力：李经理，这是我们应该的。来参观前刘老师让我们学习了食品厂的卫生要求，并千叮咛万嘱咐，让我们一定遵守食品厂的规定和要求。
（ dīng níng   zhǔ fù ）

李经理：谢谢理解。同学们，我们食品厂主要加工三大种类：京式糕点、广式糕点和西点。这三种糕点都各具特色，其中京式糕点甜香酥脆，广式糕点清香、淡咸，西点清香、柔软、淡雅，这三种糕点因为特点不同，都广受老百姓的喜爱。

艾力：李经理，那边的工人目不转睛地在看什么？

李经理：哦，那里是我们的五仁芝麻酥饼生产线，五仁芝麻酥饼是从"京八件"演化而来的酥点，是京派糕点。皮酥，入口化渣，非常好吃。那位是我们的质检员，他们负责确保我们工厂生产的产品质量的稳定性。有句话说得好：质量是产品立足的基石。因此，我们食品厂的每个加工环节都是层层把关，每位工人也都是这条生产线的"专家"。

艾力：真是三百六十行，行行出状元！李经理，请问五仁芝麻酥饼为什么会入口化渣呢？

李经理：秘诀在于开酥。开酥的意思是用水油面团包油酥面团制成酥皮的过程。开酥开得好不好直接影响成品酥脆的程度。在制作过程中，首先将水油面擀成圆形面皮，将干油酥搓成圆形包入其中，紧接着将包好的面团饧制 10 分钟左右，让面松弛后擀成一块长条形薄片，然后将薄片卷成筒形，圆筒要卷紧、卷实。最后将筒形面皮搓成直径 3 厘米的长条，就可以下剂了。这个步骤让成型后酥饼面皮由层层叠叠的薄酥皮构成，一经烘烤，就又薄又脆，入口化渣啦！

艾力：小小酥皮里还有这么多门道，我们今天真是学到了，谢谢李经理！

## 场景二　制馅

（教学楼前面）

艾力：亚森，今天下午没课，正好我妈妈昨天给我送了一盒五仁芝麻酥饼，我们一起喝个下午茶吧！

亚森：艾力，真是士别三日当刮目相待，一个周末不见你都有喝下午茶的爱好了？下午茶不是在外国才流行吗？

艾力：亚森，喝下午茶可不是"舶来品"。别看下午茶在西方很流行，但实际上，下午茶起源于中国。纵观中华，其实早在春秋时期，便有喝下午茶的习惯了；到了唐代，唐人更是在用精美的茶具，搭配水果和糕点来喝茶，极其雅致。

亚森：那古人下午茶吃什么糕点呢？会不会很单调？

艾力：今天你还问对人了，周末的时候我刚在图书馆看过这方面

场景二微课视频——五仁
芝麻酥饼制馅

lín láng

的书籍。古人喝茶特别讲究，茶几上会铺上织锦桌旗，渐次摆开茶具，一桌子琳 琅 满目，并搭配水、茶叶，然后才品得一壶好茶。在魏晋南北朝时期，开始有了佐茶食物；唐代有茶果，如"透花糍""樱桃毕罗""环饼""油饼""八种唐果子"等；宋代我国的茶肆就很多了，"点心"这个词就是在宋代出现的；元明清是茶食发展的成熟阶段，京八件、豌豆黄、芸豆卷等，听听都让人馋得流口水！你现在还觉得古人的下午茶单调吗？

亚森：岂止是不单调，简直是太精致！让我都想穿越回古代去品尝品尝古人的茶点了！

艾力：穿越回古代品尝是不行了，但是我们可以去咱们的中华传统文化体验馆，喝喝茶，品尝品尝我带来的"五仁芝麻酥饼"，也会让你体验到我们传统文化的博大精深的！

亚森：太好了，我们现在就去尝尝这五个人吃的芝麻酥饼！

艾力：亚森，是"五仁芝麻酥饼"，不是"五个人芝麻酥饼"！

亚森：艾力，那"五仁"是什么呀？

艾力：五仁是指核桃仁、瓜子仁、松子仁、芝麻仁和花生仁，在制作时将这五种果仁放入烤箱，烤熟烤香，然后用刀切成粒，再加入白糖、糕粉、香油、黄油、桂花酱、金橘饼、糖瓜条、酒曲，搅拌均匀，调制软硬适度就制成五仁馅儿了！

图片　五仁芝麻酥饼的制作——制馅

亚森：这真是我听过最复杂的馅了吧，百闻不如一见，我们赶紧去吧！

艾力：好，我们走！

## 四、字词解析

1. 专有名词

（1）京八件：[jīng bā jiàn]"京八件"又叫"大八件"，即八种形状、口味不同的京味糕点，为明清宫廷糕点，后流传至民间，以枣泥、青梅、葡萄干、玫瑰、豆沙、白糖、香蕉、椒盐等八种原料为馅，用猪油、水和面做皮，以皮包馅，烘烤而成。

（2）京式糕点：[jīng shì gāo diǎn]也称"北式糕点"，以北京地区为代表。

（3）广式糕点：[guǎng shì gāo diǎn]是一种特色美食，食材有榄仁、椰丝、莲蓉等，属于广东地区特产。

（4）桌旗：[zhuō qí]是摆放在桌子上的软装饰品，一般是织物。

（5）透花糍：[tòu huā cí]糕点名称，下文"樱桃毕罗""环饼""油饼""八种唐果子""豌豆黄""芸豆卷"同为糕点名称。

2. 课文词语

（1）调查：〔diào chá〕（动）对客观情况进行考察了解。〔近〕考察。

（2）叮咛：〔dīng níng〕（动）怕对方不重视，反复地告诉。

（3）嘱咐：〔zhǔ fù〕（动）叮嘱吩咐：再三～。〔近〕叮咛。

（4）酥脆：〔sū cuì〕食物松而脆。

（5）淡雅：〔dàn yǎ〕（形）（颜色花样）素净雅致：服饰～｜室内陈设～。〔反〕浓艳。

（6）演化：〔yǎn huà〕（动）演变（多用于自然界的变化）：不断～｜生物都是由简单～为复杂的。

（7）质检：〔zhì jiǎn〕质量检验。

（8）基石：〔jī shí〕（名）①做建筑物基础的石料。②比喻中坚力量；事物发展的根本：人才的～。

（9）舶来品：〔bó lái pǐn〕（名）指进口的商品：～有的好，有的差，不能一概而论。

（10）起源：〔qǐ yuán〕（名）事物产生的根源：白莲教的～，也不知始自何时。〔近〕来源。②（动）发源：黄河～于青海中部的巴颜喀拉山。〔近〕发源。

（11）纵观：〔zòng guān〕从全面考虑；纵览（形势等）。

（12）雅致：〔yǎ zhi〕（形）优美而不落俗套：闲情～。〔近〕大方。〔反〕俗气｜粗俗。

（13）单调：〔dān diào〕（形）单一、重复而又缺少变化：总是演算题，太～乏味了。〔近〕乏味｜枯燥。〔反〕复杂｜生动。

（14）织锦：〔zhī jǐn〕一种织有图画、像刺绣一样的丝织品，是杭州等地的特产。

（15）渐次：〔jiàn cì〕渐渐地；逐渐。

（16）茶肆：〔chá sì〕茶馆。

（17）精致：〔jīng zhì〕（形）精巧细致：描绘～｜～的盆景艺术。〔反〕粗劣｜粗糙。

（18）穿越：〔chuān yuè〕（动）穿过；越过：～大草原｜～封锁线。

3. 成语俗语

（1）异口同声：〔yì kǒu tóng shēng〕不同的嘴说同样的话。形容大家说得完全一致。

（2）各具特色：〔gè jù tè sè〕每个人（物）都有自己独特的风格和特点。

（3）目不转睛：〔mù bù zhuǎn jīng〕看东西时眼珠一点都不转动。形容注意力很集中，看得出神。〔近〕聚精会神｜全神贯注。〔反〕左顾右盼｜东张西望。

（4）三百六十行，行行出状元：〔sān bǎi liù shí háng, háng háng chū zhuàng yuán〕谚语。比喻不论干哪一行，只要热爱本职工作，都能做出优异的成绩。

（5）士别三日，当刮目相待：〔shì bié sān rì, dāng guā mù xiāng dài〕

指别人已有进步，不能再用老眼光去看他。

（6）琳琅满目：〔lín láng mǎn mù〕琳琅：美玉。眼前全是各种各样的美玉。比喻眼前到处充满了美好的事物。

（7）博大精深：〔bó dà jīng shēn〕形容思想和学识广博高深。

（8）百闻不如一见：〔bǎi wén bù rú yī jiàn〕闻：听见。听到一百次，不如亲眼见到一次。指亲眼看到比听到更可靠。

## 五、制作流程图

步骤一：将核桃仁、瓜子仁、松子仁、芝麻仁和花生仁放入烤箱，烤熟烤香。
步骤二：将五种果仁用刀切成粒。
步骤三：将切好的五仁料放入容器中。
步骤四：加白糖、糕粉、香油、油、桂花酱、金橘饼、糖瓜条、酒曲一起倒入。
步骤五：将所有原料拌均匀。
步骤六：调制软硬适度，以能攥成球为佳。

步骤一：将干油酥包入水油面中，捏严收口，用手压扁。
步骤二：擀成薄厚一致的长方形薄片。
步骤三：卷成筒形，圆筒要卷紧卷实。

揪成大小一致，30克一个的剂子。

制馅 ➤ 和面 ➤ 开酥 ➤ 搓条 ➤ 下剂

调制水油面：
步骤一：将面粉过筛，在窝中间加入油和水。
步骤二：调和均匀。
步骤三：搓擦、摔打成柔软而有筋力、光滑而不沾手的面团。
步骤四：将和好的面团饧制。

调制干油酥：
步骤一：将过筛的面粉加入油。
步骤二：调和均匀。
步骤三：干油酥要擦匀擦透。
步骤四：擦好后的干油酥备用。

将面搓成直径3厘米的长条。

步骤一：烤箱预热，温度达220度，将粘好芝麻的饼坯放入烤箱。
步骤二：用中上火烤制成金黄色，即可出炉。

包入20克左右的五仁馅

制皮 ➤ 上馅 ➤ 成型 ➤ 熟制

将面按扁，制成直径5厘米的圆皮。

步骤一：将过筛的面粉加入油。
步骤二：调和均匀。
步骤三：干油酥要擦匀擦透。
步骤四：擦好后的干油酥备用。

## 六、知识链接

### 五仁芝麻酥饼

五仁芝麻酥饼是从"京八件"演化而来的酥点。"京八件"就是八种形状、口味不同的京味糕点。为清宫廷御膳房始创，流传至民间。

现如今新开发的"京八件"，古色古香的包装非常精美，产品制作上在继承老北京民间糕点的基础上，又融合了西式糕点的制作工艺，选用了营养、绿色、健康的玫瑰豆沙、桂花山楂、奶油栗蓉、椒盐芝麻、核桃枣泥、红莲五仁、枸杞豆蓉、杏仁香蓉等八种馅料，并配以植物油、蜂蜜等辅料。在造型上有寿桃形，寓意祝寿，元宝形寓意财富，宫灯形寓意喜庆，如意形寓意吉祥如意等，分别代表"福、禄、寿、喜、富、贵、吉、祥"八种适合美好愿望的字符，寓意八项美好的祝愿。

## 五仁的功效

我国传统的"五仁"包括花生仁、瓜子仁、核桃仁、芝麻仁和甜杏仁等，均具有滋养肝肾、润燥滑肠的功能。

1. 花生仁：历来有"长生果"的美称，花生仁中含有丰富的脂肪、卵磷脂、维生素 A、维生素 B、维生素 E 以及钙、磷、铁等元素。经常食用花生仁能起到滋补益寿的作用。

2. 瓜子仁：含有丰富的矿物质、维生素和不饱和脂肪酸，能促使细胞再生，防止动脉硬化及冠心病。

3. 核桃仁：有顺气补血、止咳化痰、润肺补肾、防治头发过早变白和脱落等功能。核桃仁富含的蛋白质为优质蛋白质，它是维持生命活动最基本的营养素。其所含磷脂成分能增加细胞的活性，对保持脑神经功能、皮肤细腻、促进毛发生长等起重要作用。所含的多种不饱和脂肪酸（内有亚油酸）可降低胆固醇，对预防动脉硬化、高血压、冠心病等非常有益。

4. 芝麻仁：能补肺助脾，润肠通便，益肌肤。

5. 甜杏仁：为滋养缓和性止咳药，主治咽干、干咳。

此外，经常适量吃松子仁，可防止胆固醇过高而引起心血管疾病。松子仁中所含的磷脂对脑和神经系统也大有裨益。

## 茶艺

茶是中国人日常生活中不可缺少的一部分，中国有句俗语："开门七件事：柴、米、油、盐、酱、醋、茶。"这种饮茶习惯在中国人身上根深蒂固，已有上千年历史。在唐朝中叶，一位早年出家后来又还俗的和尚——陆羽，总结前人与当时的经验，完成了全世界第一本有关茶叶的著作——《茶经》后，饮茶风气很快吹遍中国大江南北，上自帝王公卿，下至贩夫走卒，莫不嗜茶。而在 17 世纪初，荷兰东印度公司更首次将中国的茶输入欧洲，到了 17 世纪中叶，在英国贵族社会中，"饮茶"已成为一种时尚风范。在中国，"茶"因为人文、地理的不同，而有两种发音方式，在北方发音为 cha，在南方发音为 tee；因此由中国北方输入茶的国家，如土耳其的发音是 hay，俄国是 chai，日本是 cha；而由中国南方经海线输入茶的国家，其发音则不相同，如西班的发音是 te，德国的是 tee，而英国则是 tea。

茶艺，萌芽于唐，发扬于宋，改革于明，极盛于清，可谓有相当的历史渊源，自成一系统。

唐代煮茶，多用姜盐添味，世称"姜盐茶"，诗人薛能《茶诗》云："盐损添常戒，姜宜煮更黄。"宋初流行点茶法，把茶叶碾成细末，冲出来的茶汤要色白如乳，《观林诗话》载，北宋苏轼喜欢凤翔玉女洞的泉水，每次去，都要取两瓶携回烹茶。苏轼有《和蒋夔寄茶》一诗："老妻稚子不知爱，一半已入姜盐煎。"苏轼本人很注重茶的养生效果，吃完饭后用浓茶漱口，可解除烦腻。

明代开始流行泡茶。有中国人落脚的地方，就带去饮茶的习惯；中国人最先发现茶叶，是饮茶的古老民族。

## 七、评价自测

| 评价内容 | 评价标准 | 满分 | 得分 |
|---|---|---|---|
| 词语掌握 | 在日常交流的过程中能够熟练运用本课 26 个常用词语、成语 | 20 | |
| 语法掌握 | 能够熟练运用口语进行表述并且符合逻辑、语法运用合理 | 20 | |
| 成型手法 | 大包酥，卷制成型的手法正确 | 20 | |
| 成品标准 | 色泽金黄、外皮酥香、里层柔软、果仁香味浓郁 | 20 | |
| 装盘 | 成品与盛装器皿搭配协调、造型美观 | 10 | |
| 卫生 | 工作完成后，工位干净整齐、工具清洁干净、摆放入位 | 10 | |
| 合计 | | 100 | |

## 八、课后练习

（一）选择题

1. 人类是经过数十万年的（　　），由此才逐渐直立行走的。

A. 演化　　　B. 变化　　　C. 成长　　　D. 变形

2. 会上，大家（　　）地说，一定要在考试竞赛中夺得好成绩。

A. 殊途同归　　　B. 不期而遇　　　C. 异曲同工　　　D. 异口同声

（二）判断题

1. 五仁芝麻酥饼发干的原因是配方中的水少。（　　）

2. 酥松、酥脆、不分层的化学蓬松面也可以称为"油酥"。（　　）

（三）制作题

重阳节快到了，请你根据五仁芝麻酥饼的制作流程制作一些五仁芝麻酥饼送给爷爷、奶奶当作重阳节礼物吧！

# 项目六 蛋黄酥的制作

## 一、学习目标

1. 知识目标：能够熟练掌握(zhǎng wò)在蛋黄酥(sū)制作过程中的词语及常用语。
2. 能力目标：能够按照蛋黄酥制作流程在规定时间内完成蛋黄酥的制作。
3. 素质目标：培养学生举一反三、总结观察的能力。

## 二、制作准备

1. 设备、工具准备：
(1) 设备：案台、案板、炉灶(lú zào)、台秤(tái chèng)、烤箱(kǎo xiāng)。
(2) 工具：和面盆、笊篱(zhào lí)、手勺、餐盘。
2. 原料准备：
(1) 水油面：面粉 200 克、黄油 100 克、糖 10 克、清水 90 毫升。
(2) 干油酥：面粉 140 克、黄油 75 克。
(3) 馅料：咸蛋黄 11 个、豆沙馅 400 克、朗姆酒 60 毫升。
(4) 装饰料：蛋黄液少许、黑芝麻 50 克。

## 三、情景对话

### 场景一 和面、制馅

（食品专业的尼亚孜在麦趣尔的生产车间实习，帮带师父陈师傅告诉他，今天的任务是制作蛋黄酥。）

尼亚孜：师父，蛋黄酥我吃过，外皮酥脆(cuì)，内馅绵软(mián ruǎn)，口感酥香，学会了做蛋黄酥，那多了(liǎo)不起啊。

陈师傅：哈哈，好好看，认真学，蛋黄酥不难做，一学就会。

尼亚孜：我奶奶也爱吃蛋黄酥，以后我也可以做给她吃了。对啦，师父，这么好吃的蛋黄酥，发祥(xiáng)地是哪里？

陈师傅：蛋黄酥是中国台湾的特产，蛋黄酥其实是台湾月饼的衍(yǎn)生品，最早可以追(zhuī)溯(sù)到唐宋时期，到了北宋后期就已经出现很多专门制作酥皮点心的作坊(zuō fáng)了。后来到了清朝，民间流行把点心进贡(gòng)皇室，酥皮点心成为进贡宫廷的御用点心，以后这类点心在群众中流传更广。

尼亚孜：哈哈，原来最初只有皇帝才能吃到呢，师父，您快教教我吧。

图片 1 蛋黄酥的和面与制作——调水油面

陈师傅：好，第一步，我们先调制水油面。先把面粉过筛、开窝，窝中加糖和黄油，分次加水，把所有原料拌和均匀，用掌根把面搓匀搓透，之后，就把面摔打滋润。

尼亚孜：师父，这个我知道，做拌面就有摔打这一步，接下来就需要把面揉匀、揉透、揉光滑了。

陈师傅：对，尼亚孜，你观察很仔细啊！好，面揉得不错，水油面揉制好以后，就盖上湿布醒(xǐng)面。

尼亚孜：师父，为什么要醒面？

陈师傅：对于发好的面来说，就是进行二次发酵；对于死面来说，就是和好面之后盖上保鲜膜或者湿布放置一会儿，让面筋更好地发挥增加面团韧性的作用。目的是蒸出的面食口感更松软，或是煮出的面食更软嫩好吃。

尼亚孜：师父，都按您的要求做好了，现在要做什么？

图片 2 蛋黄酥的和面与制作——调干油酥

陈师傅：接下来我们调制干油酥，将面粉和黄油混合均匀，用掌根把面团擦搓均匀，和成面团，干油酥就做好了。

尼亚孜：师父，原来很多面点的和面方法都大同小异呀！

陈师傅：对，你已经学会归纳总结了。蛋黄酥的精华就在馅里，下面我们开始最重要的制馅环节。

尼亚孜：师父，您让我剥那么多咸鸭蛋，原来就是为了做蛋黄酥的馅啊。

**图片 3　蛋黄酥的和面与制作——喷朗姆酒**

陈师傅：对啊。来，我们在鸭蛋黄上喷上朗姆酒，你知道为什么要加朗姆酒吗？

尼亚孜：师父我记得，您以前讲过，朗姆酒有去腥<sup>xing</sup>味的作用。

尼亚孜：师父我记得，您以前讲过，朗姆酒有去 腥 味的作用。

陈师傅：学得不错！下面把蛋黄放在150℃的烤箱中，烤5～10分钟之后关火。等待烤制的时候，我们可以把豆沙馅切成每个15克的小剂子。

尼亚孜：师父，这个和包饺子的剂子很像啊。

**图片 4　蛋黄酥的和面与制作——制馅**

陈师傅：会观察、会思考，不错哦。我们把豆沙小剂子轻轻搓圆，再把烤好的蛋黄包进去，像这样，馅就做好了。

场景一微课视频——蛋黄酥
和面、制馅

## 场景二　成型、烤制

（国庆小长假，在麦趣尔实习的尼亚孜回到家中，陪妈妈逛街，妈妈看到现场烘焙蛋黄酥，想给奶奶买。）

尼亚孜：妈，您面前就有现成的大师，不用买，回家我给奶奶做。

妈妈：儿子，你心里能记挂着 长辈（zhǎng bèi），妈妈很欣慰（xīn wèi）。

尼亚孜：我们上个月刚做过蛋黄酥，我知道奶奶爱吃，学习的时候格（gé）外认真。

妈妈：那我考考你，他们现在进行到哪一步了？

尼亚孜：这难不倒（dǎo）我。左边这位圆脸阿姨拿的是水油酥面，她要把水油酥面分成每个15克的小剂子。旁边的一堆是干油酥的小剂子，每个也是15克。

妈妈：嗯，听起来挺专业的。

尼亚孜：接下来她要把干油酥剂子包进水油酥剂子里，收严剂口，包成球形。您看，她把球形按扁了，用擀面杖擀成了椭圆形片，就像北方人包柳叶包子一样。

妈妈：嗯，是挺像的。接下来该包馅儿了吧？

尼亚孜：还不够，您看，她把椭圆形的皮儿卷成圆筒，还要静置10分钟。

妈妈：哦，还真是，是为了让蛋黄酥的皮分层吧？

尼亚孜：您说对啦，接下来就把剂子擀（gǎn）成圆片，托在手上，把豆沙蛋黄馅放到正中间，用虎口将面皮包紧，逐渐收口，底部封严，避免露馅。

妈妈：嗯，看到了，翻过来正好是圆球形状。

尼亚孜：右边这位大叔在表面上刷的是蛋黄液，一般刷两次，撒（sǎ）上黑芝麻 装饰（zhuāng shì）。剩下的就是烤制了。放到200℃左右的烤箱里，烤大约20分钟，烤成金黄色就熟了。

妈妈：看来我儿子实习没白去，这大厨名副其实。你奶奶这回有口福了，我已经迫不及待想尝了。

尼亚孜：走，妈，我们现在就去买材料，今天就做给你们尝尝，保证不会让您失望（wàng）。

## 四、字词解析

1. 专有名词

（1）发祥地：〔fā xiáng dì〕①河流开始流出的地方。如：青藏高原是长江的发祥地。②借指事物发端、起源的所在。如："党中央和毛主席住在延安，延安就成了中国的心脏，成了中国革命的摇篮，成了胜利的发源地。"

（2）作坊：〔zuō fang〕手工业制造或加工的工场。

（3）朗姆酒：〔lǎng mǔ jiǔ〕是以甘蔗（zhè）糖蜜为原料生产的一种蒸馏（liú）酒，也称为"糖酒""兰姆酒""蓝姆酒"。原产地在古巴，口感甜润、芬芳。朗姆酒是用甘蔗压出来的糖汁，经过发酵、蒸馏而成。

（4）按：[àn]用手或手指头压：～脉。～图钉。

（5）柳叶包子：[liǔ yè bāo zi]主要原料有面粉，主要工艺是蒸，其外形类似柳叶形状，故称为"柳叶包"。

2. 课文词语

（1）脆：[cuì]①（较硬的食物）容易弄碎弄裂：～枣。这瓜又甜又～。②容易折断破碎（跟"韧"相对）：这种纸不算薄，就是太～。③（声音）清脆：她的嗓音挺～。④说话做事爽利痛快；干脆：这件事办得很～。

（2）绵软：[mián ruǎn]①柔软（多用于毛发、衣被、纸张等）：～的羊毛。②形容身体无力：他觉得浑身～，脑袋昏沉沉的。

（3）了不起：[liǎo bu qǐ]①不平凡；（优点）突出：他的本事真～。一位～的发明家。②重大；严重：没有什么～的困难。

（4）衍生：[yǎn shēng]①较简单的化合物中的原子或原子团被其他原子或原子团取代而生成较复杂的化合物。②演变发生。

（5）追溯：[zhuī sù]逆流而上，向江河发源处走，比喻探索事物的由来：两国交往的历史可以～到许多世纪以前。

（6）精华：[jīng huá]①（事物）最重要、最好的部分：取其～，去其糟粕。展览会集中了全国工艺品的～。②光华；光辉：日月之～。

（7）滋润：[zī rùn]①含水分多；不干燥：雨后初晴，空气～。皮肤～。②增添水分，使不干枯：附近的湖水～着牧场的青草。③舒服：小日子过得挺～。

（8）观察：[guān chá]仔细察看（事物或现象）：～地形。～动静。～问题。

（9）记挂：[jì guà]惦念；挂念：好好养病，不要～厂里的事。

（10）欣慰：[xīn wèi]喜欢而心安：脸上露出～的笑容。

（11）格外：[gé wài]①表示超过寻常：久别重逢，大家～亲热。国庆节的天安门，显得～庄严而美丽。②额外；另外：卡车装不下，～找了一辆大车。

（12）倒：[dǎo]竖立的东西躺下来。多音字，另读作[dào]意为①位置上下前后翻转。②把容器反转或倾斜使里面的东西出来。③反过来，相反地。④向后，往后退。⑤却。

（13）撒：[sǎ]把颗粒状的东西分散着扔出去。如年糕上～了一层白糖。

（14）装饰：[zhuāng shì]①在身体或物体的表面加些附属的东西，使美观：～品。～图案。她向来朴素，不爱～。②装饰品：建筑物上的各种～都很精巧。

（15）口福：[kǒu fú]能吃到好东西的福气（含诙谐意）：～不浅。很有～。

（16）长辈：[zhǎng bèi]辈分大的人。如尊敬长辈是我们中华民族的传统美德。

（17）保证：[bǎo zhèng]①担保：～完成任务。②起决定性作用或作为担保的事物。③法律上指保证人和债权人约定，当债务人不履行债务时，保证人按照约定履行债务或承担责任的担保行为。

（18）失望：[shī wàng]①感到没有希望，失去信心；希望落了空：多次抢救无效，彻底～。②因为希望未实现而不愉快：孩子不争气，真令人～。

3. 成语俗语

（1）大同小异：[dà tóng xiǎo yì]大体相同，略有差异。如现在许多武打影片，其内容都是大同小异。

（2）名副其实：［míng fù qí shí］名声或名义和实际相符。如他们夫妇俩是名副其实的才子佳人。

## 五、制作流程图

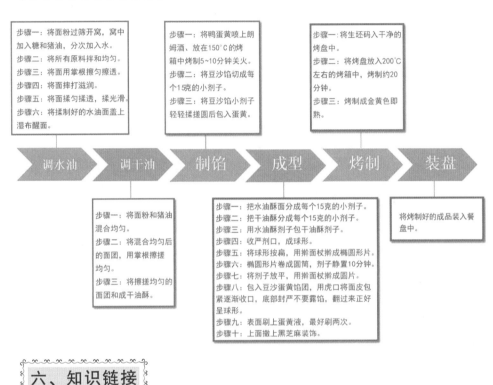

| | | | | | |
|---|---|---|---|---|---|
| 步骤一：将面粉过筛开窝，窝中加入糖和猪油，分次加入水。<br>步骤二：将所有原料拌和均匀。<br>步骤三：将面用掌根擦匀擦透。<br>步骤四：将面摔打滋润。<br>步骤五：将面揉匀揉透，揉光滑。<br>步骤六：将揉制好的水油面盖上湿布醒面。 | | 步骤一：将鸭蛋黄喷上朗姆酒，放在150℃的烤箱中烤制5~10分钟关火。<br>步骤二：将豆沙馅切成每个15克的小剂子。<br>步骤三：将豆沙馅小剂子轻轻揉搓圆后包入蛋黄。 | | 步骤一：将生坯码入干净的烤盘中。<br>步骤二：将烤盘放入200℃左右的烤箱中，烤制约20分钟。<br>步骤三：烤制成金黄色即熟。 | |

调水油 → 调干油 → 制馅 → 成型 → 烤制 → 装盘

步骤一：将面粉和猪油混合均匀。
步骤二：将混合均匀后的面团，用掌根擦搓均匀。
步骤三：将擦搓均匀的面团和成干油酥。

步骤一：把水油酥面分成每个15克的小剂子。
步骤二：把干油酥分成每个15克的小剂子。
步骤三：用水油酥剂子包干油酥剂子。
步骤四：收严剂口，成球形。
步骤五：将球形按扁，用擀面杖擀成椭圆形片。
步骤六：椭圆形片卷成圆筒，剂子静置10分钟。
步骤七：将剂子放平，用擀面杖擀成面片。
步骤八：包入豆沙蛋黄馅团，用虎口将面皮包紧逐渐收口，底部封严不要露馅，翻过来正好呈球形。
步骤九：表面刷上蛋黄液，最好刷两次。
步骤十：上面撒上黑芝麻装饰。

将烤制好的成品装入餐盘中。

## 六、知识链接

### 蛋黄酥

据说蛋黄酥是中国台湾的特产，作为一款传统的糕点，蛋黄酥受到很多人的喜爱。

蛋黄酥，细腻的质感，独特的味道，外甜内咸，酥软可口，多重美味交织在一起。由
金黄色油皮和油酥包裹，口感层层叠叠，薄如蝉翼；馅料是香甜 绵 软的莲蓉和起沙透心
的咸蛋黄，口感香酥。口感层次分明，外皮酥脆浓香，馅料软和，蛋黄咸酥，一口咬下去沙
沙的，蛋黄还冒油，吃完以后意犹未尽，口齿留香哦。

蛋黄酥里含有一个完整的蛋黄，而蛋黄中含有较多的胆固 醇，每百克可高达1705 毫
克。因此，不少人，特别是老年人对吃鸡蛋怀有戒心，怕吃鸡蛋引起胆固醇增高而导致动
脉粥 样硬化。近年来科学家们研究发现，鸡蛋中虽含有较多的胆固醇，但同时也含有丰富
的卵磷脂。

卵磷脂进入血液后，会使胆固醇和脂肪的颗粒变小，并使之保持悬浮状态，从而阻止胆固醇和脂肪在血管壁的沉积（bì）。因此，科学家们认为，对胆固醇正常的老年人，每天吃 2 个鸡蛋，其 100 毫升血液中的胆固醇最高增加 2 毫克，不会造成血管硬化。但也不应多吃，吃得太多，不利于胃肠的消化，造成浪费（làng fèi），还会增加肝、肾负担。每人每天以吃 1～2 个鸡蛋为宜，这样既有利于消化吸收，又能满足机体的需要。

你知道吗？蛋黄酥作为中式美食的代表，其实蛋黄酥是中西合璧，蛋黄酥的酥其实是一种面食的加工方式，起源于 7 世纪的中亚。

那个时候的中亚人民已经开始种植小麦，吃上了面食，随着时间的推移，他们发现，面粉混合油脂经过反复揉搓搓圆再经过高温烘烤，变成了一种层层分明、干爽不油腻的点心，这种古老的点心就是酥皮。到了 8 世纪，由于搞地域扩张，中亚与印度打起了交道，吃货们发现在面团里面加入黄油、糖浆、坚果、奶酪等制作成的酥皮点心口味更加丰富多样、老少皆宜，大家都很喜欢，可以说当时迅速传播起来，所以出现很多地域风情的点心，如沙特的椰枣酥、伊朗的波斯酥、摩洛哥的三角酥等，到了 13 世纪随着战事发展，酥点也被带入了欧洲大陆，几百年来欧洲人不仅致力于研究酥点的新花样，还把酥点带向全世界，这期间意大利有羊角包，法国有拿破仑酥，英国有肉桂派，法国有黄油杏仁酥，日本有洋果子，但是到了中国，酥点才真正地达到了巅峰，最开始接触酥点的是沿海和中国台湾地区，在此之前酥点都是甜口，但中国吃货表示，我们咸党不配有姓名吗？咸鸭蛋是中华传统美食，早在南北朝就有人把鸭蛋放在盐水里面浸泡一个月左右，浸泡后的鸭蛋与酥点完美结合，传统食材与西点技术结合，蛋黄酥妥妥地中西混血。

如今蛋黄酥花样百出、口味繁多，其中最经典的还是蛋黄酥，一口下去，有脆香黄酥的表皮，里面是糯米糍和甜豆沙，最里面就是咸蛋。

## 七、评价自测

| 评价内容 | 评价标准 | 满分 | 得分 |
|---|---|---|---|
| 词语掌握 | 在制作交流的过程中能够熟练运用本课 20 个常用词语 | 20 | |
| 语法掌握 | 制作蛋黄酥时能够熟练运用口语进行表述并且符合逻辑、语法运用合理 | 20 | |
| 成型手法 | 采用小包酥，练习卷叠成型的手法正确 | 20 | |
| 成品标准 | 层次丰富、呈球状、不塌、酥松香甜，成品与盛装器皿搭配协调、造型美观 | 20 | |
| 装盘 | 成品与盛装器皿搭配协调、造型美观 | 10 | |
| 卫生 | 工作完成后，工位干净整齐、工具清洁干净、摆放入位 | 10 | |
| 合计 | | 100 | |

---

## 八、课后练习

（一）选择题

1.（语言题）同学们这一次的作业写得（　）认真，王老师感到很（　）。

A. 非常 欣喜　　B. 格外 喜欢　　C. 特别 快乐　　D. 格外 欣慰

2.（操作题）请选择下列叙述中正确的句子。（　）

A. 对货源比较充足、供大于求的原料，要以进促销

B. 对货源比较充足、供大于求的原料，要坚持以销定进

C. 对货源比较紧张、供小于求的原料，要坚持以销定进

D. 对货源供求持平以及新上市的原料，要适当多采购，保持必要的储备

（二）判断题

1. 层酥性主坯成品具有体积疏松膨大、组织细密暄软、营养丰富的特点。（　）

2. 中式面点馅心种类不多，一般分为生咸馅、熟咸馅、生甜馅和熟甜馅四种。（　）

（三）制作题

反复练习卷叠成型的手法。

# 项目七 汤圆的制作

## 一、学习目标

1. 知识目标：能够熟练掌握在汤圆制作过程中的词语及常用语。
2. 能力目标：
（1）了解米粉面团的分类及特性。
（2）能够利用米粉、水调制软硬适度的米粉面团。
（3）能够按照汤圆制作流程在规定时间内完成黑芝麻汤圆的制作。
3. 素质目标：了解中华传统节日，培养学生家国情怀。

## 二、制作准备

1. 设备、工具准备：
（1）设备：案台、案板、炉灶、台秤、煮锅。
（2）工具：和面盆、笊篱、手勺、汤碗。
2. 原料准备：
（1）皮料：糯<sup>nuò</sup>米粉 500 克、清水 250 毫升。
（2）馅料：黑芝麻 500 克、白糖 300 克、黄油 100 克。

## 三、情景对话

**场景一　制 馅<sup>zhì xiàn</sup>**

（今天是元宵<sup>xiāo</sup>节，麦迪娜的父母在新疆乌鲁木齐国际大巴扎开的一家小吃店生意异常火爆，还没开学的麦迪娜来到店里帮忙。）

麦迪娜：爸，元宵节真热闹，人来人往，客人真多。

爸爸：今天让你来帮忙，你就错过了今晚的洪山公园灯会啊。

麦迪娜：没关系，能给爸妈当个小帮手，我也很开心啊。今天要做汤圆吗？

爸爸：对啊，元宵节吃汤圆，这是习俗。你知道为什么吗？

麦迪娜：因为它的形状像十五的月亮，圆圆的形状象<sup>xiàng zhēng</sup>征着团圆美满，对不对？

爸爸：不错，我女儿懂 <sup>dǒng</sup> 得真多。今天我们就来做汤圆，你知道为什么咱家手工现做的汤圆那么受欢迎吗？

麦迪娜：因为我们的手工汤圆比机器做的更多了些人情味儿。

**图片 1　汤圆的制馅与和面——制馅**

爸爸：我女儿真棒！来，我先教你制馅。这些黑芝麻已经淘洗干净了，我们现在要放进炒锅里炒干水分并炒香。

麦迪娜：哇，香气扑鼻，我都流口水了。

爸爸：我们把炒香的黑芝麻用打粉机打成粉，放到大碗里，加上白糖和黄油，来，你来搅拌均匀，能成团就可以了。

**图片 2　汤圆的制馅与和面——和面**

麦迪娜：接下来是不是该和面了？

爸爸：对，把糯米粉倒进盆中，在盆中分次加入清水，和成软硬适度的米粉面团。

然后，我们把和好的面团盖一块干净的湿布或保鲜膜，放置 20～30 分钟，这叫醒 <sup>xǐng</sup> 面。

**图片 3　汤圆的制馅与和面——醒面**

麦迪娜：爸，20 分钟到了。接下来该怎么做？

**图片 4　汤圆的制馅与和面——切剂**

爸爸：接下来就是切剂，和包饺子一样，把粉团搓成长条，切成每个 20 克的小剂子。

麦迪娜：让我来试试。

## 场景二　做汤圆　煮汤圆

（在乌鲁木齐金谷大酒店，金牌大厨师王老师正在给参加暑期社会实 践 (shí jiàn) 的学生展示汤圆的制作）

王老师：同学们好，欢迎大家来到金谷大酒店。

学生：王老师好！

王老师：今天我来给大家展示汤圆的制作过程。你们喜欢吃什么馅的？

明明：王老师，我喜欢黑芝麻馅的。

王老师：好，那我们今天就先做黑芝麻汤圆。接下来，我教大家如何 (rú hé) 包汤圆。我们每个人面前都有分好的剂子和馅，先用大拇指把剂子捏成小窝，黑芝麻馅放在小窝里。用虎口收口，搓 (cuō) 圆。对，同学们操作 娴 熟 (xián shú)，看来大家小时候彩泥都没少玩啊！

学生：哈哈哈——

明明：王老师，大家都包好了，赶快煮吧，我已经 垂 涎 (chuí xián) 三尺、迫不及待了。

（现场一阵哄笑）

王老师：放心，早就给你们准备好啦，厨房的水快烧开了。哪位同学会煮汤圆啊？给大家现场做个示 范 (shì fàn) 吧。

麦克丽娅：老师让我来。水烧开后，放入汤圆，转中火煮到汤圆浮 (fú) 在水面上，有透明感就可以出锅了。

明明：麦克丽娅你真厉害！今天 终 (zhōng) 于吃到自己包的汤圆啦，这就叫"自力更 生 (gēng)，丰衣足食"啦！

场景一微课视频——汤圆的制馅
与和面

## 四、字词解析

1. 专有名词

（1）打粉机：[dǎ fěn jī]用于打粉的设备。打粉机具有体积小、重量轻、功效高、无粉尘、清洁卫生、操作简便、造型美观，既省电又安全等众多优点。粉碎槽及刀片采用不锈钢制造，能在3秒至2分钟内完成粗碎及细粉，粉碎范围广：阿胶、乳香、黄芪、甘草、珍珠、大米、辣椒、胡椒等不同性质物料均能很好粉碎，物料无损耗，粉碎不同物料不会串色串味。

（2）炒锅：[chǎo guō]烹饪用凹形薄壁锅。

（3）糯米粉：[nuò mǐ fěn]是用糯米浸泡一夜，水磨打成浆水，用布袋装着吊一晚上，待水滴干了，把湿的糯米粉团掰碎晾干后就是成品的糯米粉，当然，在超市也能买到现成的。它可以制作汤团（元宵）之类食品和家庭小吃，以独特的风味闻名。

（3）透明：[tòu míng]①（物体）能透过光线的：水是无色～的液体。②比喻公开，不隐藏：采用招标方式使政府采购活动更～、规范。

（4）搓：[cuō]两个手掌反复摩擦，或把手掌放在别的东西上来回揉：急得他直～手。～一条麻绳儿。

（5）社会实践：[shè huì shí jiàn]文中指假期实习或是在校外实习。对于在校学生具有加深对本专业的了解、确认适合的职业、为向职场过渡做准备、增强就业竞争优势等多方面意义。广义的社会实践是讲人类认识世界、改造世界的各种活动的总和，即全人类或大多数人从事的各种活动，包括认识世界、利用世界、享受世界和改造世界等。

（6）彩泥：[cǎi ní]彩泥具备可复制性，可任意捏成各种形状，根据配有不同形状的模具、模板，可将彩泥制作成各种物品，或者在老师或家长的指引下，创作出自己想要的作品，在对儿童的手脑眼协调培养，以及色彩识别和创作思维能力方面有着独特的教育效果。目前，彩泥分为：粮食型和非粮食型两大类。

（7）浮：[fú]①停留在液体表面上（跟"沉"相对）：～萍。油～在水上。～云。脸上～着微笑。②在水里游：他能一口气～到对岸。③在表面上的：～土。～雕。④可移动的：～财。⑤暂时的：～记。～支。⑥轻浮；浮躁：他人太～，办事不踏实。⑦空虚；不切实：～名。～夸。⑧超过；多余：人～于事。～额。⑨姓。

2. 课文词语

（1）异常：[yì cháng]①不同于寻常：神色～。情况～。～现象。②非常；特别：～激动。～美丽。～反感。

（2）火爆：[huǒ bào]意思是旺盛。

（3）象征：[xiàng zhēng]为用具体事物表现某些抽象意义；不可见的某种物（如一种概念或一种风俗）的可以看见的标记；也指用部分事物代表全体；用来表示某种特别意义的具体事物；迹象，特征。

（4）懂：[dǒng]知道；了解。

（5）人情味：[rén qíng wèi]指人通常具有情感、意味等，人与人之间温暖的感情、兴味。如中国古代有句人情味极浓的诗，叫"每逢佳节倍思亲"。

（6）果然：[guǒ rán]果真如此。指事实与预料的相同。

（7）如何：[rú hé]疑问代词。怎么；怎么样：近况～？此事～办理？不要老说别人～～不好。该～处置就～处置。

（8）娴熟：[xián shú]熟练：技术～。如他脚法娴熟，射门准确，不愧为球星。

（9）终于：[zhōng yú]表示经过种种变化或等待之后出现的情况：试验～成功了。身体～强壮起来。她多次想说，但～没说出口。

3. 成语俗语

（1）人来人往：[rén lái rén wǎng]人来来往往连续不断。也形容忙于应酬。如大街上人来人往，车辆川流不息。

（2）香气扑鼻：[xiāng qì pū bí]芬芳的气味不待嗅而自入鼻中。形容芬芳的气味浓郁而四溢。如校园里百花盛开，香气扑鼻。

（3）垂涎三尺：[chuí xián sān chǐ]涎：口水。口水挂下三尺长。形容极其贪婪的样子。也形容非常眼热。

（4）自力更生：[zì lì gēng shēng]更生：再次获得生命，比喻振兴起来。指不依赖外力，靠自己的力量重新振作起来，把事情办好。如我们要走独立自主、自力更生的道路。

# 五、制作流程图

## 汤圆制作流程图

- 将黑芝麻淘洗干净。
- 放在干净的炒锅中炒干水分并炒香。
- 将炒香的黑芝麻用打粉机搅打成粉状。
- 将打碎的黑芝麻放在大碗中，加入白糖及黄油，搅拌均匀。
- 将所有用料搅和均匀后，能成团即可。

- 将和好的面团盖一块干净的湿布，放置一段时间，一般为20~30分钟。

- 用双手的拇指将剂子捏成小窝。
- 将制好的黑芝麻馅放在小窝中。
- 用虎口将其收口。
- 将其搓圆。

制馅 ▶ 和面 ▶ 饧面 ▶ 切剂 ▶ 成型 ▶ 煮制

- 将糯米粉放入干净的盆中。
- 在盆中分次加入清水。
- 和成软硬适度的米粉面团。

- 将粉团搓成长条并切成每个20克的小剂子。

- 煮锅清洗干净，加入清水烧开，加入汤圆生坯煮制。
- 中火煮至汤圆浮露在水面上。
- 有透明感即可出锅。

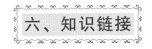

## 元宵节

元宵节，又称为"小正月""元夕"或"灯节"，是春节之后的第一个重要节日。中国
幅员辽阔（fú liáo kuò），历史悠久（yōu），所以关于元宵节的习俗在全国各地也不尽相同，其中吃元宵、赏
花灯、舞龙（wǔ）、舞狮子等是元宵节几项重要民间习俗。

## 吃元宵

正月十五吃元宵，"元宵"作为食品，在我国也由来已久。宋代，民间就开始流行。这
种食品最早叫"浮元子"，后称"元宵"，生意人还美其名曰"元宝"。元宵以白糖、玫瑰、
芝麻、豆沙、黄桂、核桃仁、果仁、枣泥等为馅，将馅儿团成型后，在糯米粉中滚成，汤圆
则是先以糯米粉做成皮儿，再包馅儿而成，做法完全不一样。元宵可荤（hūn）可素，风味各异。
可汤煮、油炸、蒸食，有团圆美满之意。

## 观灯

农历正月十五是"元宵节"，此节日民间有挂灯、打灯、观灯等习俗，故也称"灯节"。闹
花灯是元宵节传统节日习俗，始于西汉，兴盛于隋唐（suí táng）。隋唐以后，历代灯火之风盛行，并沿（yán）
袭（xí）传于后世。在正月十五到来之前，满街挂满灯笼，到处花团锦簇（jǐn cù），灯光摇曳（yè），到正月十五
晚上最为热闹。正月十五的"观灯"已经成为民间群众自发的活动，在正月十五晚上，街头
巷尾（xiàng），红灯高挂，有宫灯、兽头灯、走马灯、花卉灯、鸟禽灯（qín）等，吸引着观灯的群众。

## 猜灯谜

猜灯谜又称"打灯谜"，是中国独有的一种传统民俗文娱活动形式，是从古代就开始流
传的元宵节特色活动。每逢（féng）农历正月十五，传统民间都要挂起彩灯，燃放焰火，后来有人
把谜语写在纸条上，贴在五光十色的彩灯上供人猜。因为谜语能启迪智慧（zhì huì）又迎合节日气
氛（fēn），所以响应的人众多，而后猜谜逐渐成为元宵节不可缺少的节目。灯谜增添节日气氛，
展现了古代劳动人民的聪明才智和对美好生活的向往。

## 情人节

元宵节也是一个浪漫的节日，元宵灯会在封建（fēng jiàn）的传统社会中，也给未婚男女相识提
供了一个机会，传统社会的年轻女孩不允许出外自由活动，但是过节却可以结伴出来游玩，
元宵节赏花灯正好是一个交谊的机会，未婚男女借着赏花灯也顺便可以为自己物色对象。元
宵灯节期间，又是男女青年与情人相会的时机。

## 耍龙灯

耍龙灯，也称"舞龙灯"或"龙舞"。见于文字记载的龙舞，是汉代张衡的《西京赋》，作者在百戏的铺叙中对龙舞作了生动的描绘。而据《隋书·音乐志》记载，隋炀帝时类似百戏中龙舞表演的《黄龙变》也非常精彩，龙舞流行于中国很多地方。华夏崇尚龙，把龙作为吉祥的象征。

## 踩高跷

qiāo

踩高跷，是民间盛行的一种群众性技艺表演。高跷本属中国古代百戏之一种，早在春秋时已经出现。中国最早介绍高跷的是《列子·说符》篇："宋有兰子者，以技干宋元。宋元召而使见其技。"

## 舞狮子

舞狮子是中国优秀的民间艺术，每逢元宵佳节或集会庆典，民间都以狮舞前来助兴。这一习俗起源于三国时期，南北朝时开始流行，至今已有一千多年的历史。

"舞狮子"始于魏晋，盛于唐，又称"狮子舞""太平乐"，一般由三人完成，二人装扮成狮子，一人充当狮头，一人充当狮身和后脚，另一人当引狮人，舞法上又有文武之分，文舞表现狮子的温驯，有抖毛、打滚等动作，武狮表现狮子的凶猛，有腾跃、蹬高、滚彩球等动作。

## 划旱船

划旱船，也称"跑旱船"，就是在陆地上模仿船行功作，表演跑旱船的大多是姑娘。旱船不是真船，多用两片薄板，锯成船形，以竹木扎成，再蒙以彩布，套系在姑娘的腰间，如同坐于船中一样，手里拿着桨，做划行的姿势，一面跑，一面唱些地方小调，边歌边舞，这就是划旱船了。有时还另有一男子扮成坐船的船客，多半扮成丑角，以各种滑稽的动作来逗观众欢乐。划旱船流行于中国很多地区。

## 祭门、祭户

古代有"七祭"，这是其中的两种。祭祀的方法是，把杨树枝插在门户上方，在盛有豆粥的碗里插上一双筷子，或者直接将酒肉放在门前。

## 逐鼠

逐鼠是一项元宵节期间的传统民俗活动，始于魏晋时期。主要是对养蚕人家所说的。因为老鼠常在夜里把蚕大片大片地吃掉，人们传说正月十五用米粥喂老鼠，它就可以不吃蚕了。

《荆楚岁时记》中说，正月十五的时候，有一个神仙下凡到一个姓陈的人家，对他们说：如果你们能祭祀我，就让你们的桑蚕丰收。后来就形成了风俗。

## 送孩儿灯

送孩儿灯简称"送灯"，也称"送花灯"等，即在元宵节前，娘家送花灯给新嫁女儿家，或一般亲友送给新婚不育之家，以求添丁吉兆，因为"灯"与"丁"谐音。这一习俗许多地方都有，陕西西安一带是正月初八到十五期间送灯，头年送大宫灯一对、有彩画的玻璃灯一对，希望女儿婚后吉星高照、早生麟子；如女儿怀孕，则除大宫灯外，还要送一两对小灯笼，祝愿女儿孕期平安。

## 走百病

"走百病"，也叫"游百病""散百病""烤百病""走桥"等，是一种消灾祈健康的活动。

元宵节夜晚妇女相约出游，结伴而行，见桥必过，认为这样能祛病延年。

走百病是明清以来北方的风俗，有的在十五，但多在十六日进行。这天妇女们穿着节日盛装，成群结队走出家门，走桥渡危，登城，摸钉求子，直到夜半，始归。

随着时间的推移，元宵节的活动越来越多，不少地方节庆时增加了耍龙灯、耍狮子、踩高跷、划旱船、扭秧歌、打太平鼓等活动。

### 新疆国际大巴扎

新疆国际大巴扎位于新疆维吾尔自治区首府乌鲁木齐市天山区，于 2003 年 6 月 26 日落成，是世界规模最大的集市。集建筑、商贸、娱乐、餐饮于一体，是新疆旅游业产品的汇集地和展示中心，是"新疆之窗""中亚之窗"和"世界之窗"。

新疆国际大巴扎于 2004 年入选乌鲁木齐市"十佳建筑"，在涵 盖了建筑的功能性和时代感的基础上，重现了古"丝绸之路"的繁华，集中体现了浓郁西域民族特色和地域文化。2018 年 4 月 13 日，入围"神奇西北 100 景"。

## 七、评价自测

| 评价内容 | 评价标准 | 满分 | 得分 |
|---|---|---|---|
| 词语掌握 | 在做汤圆交流的过程中能够熟练运用本课 13 个常用词语 | 20 | |
| 语法掌握 | 做汤圆交流时能够熟练运用口语进行表述并且符合逻辑、语法运用合理 | 20 | |
| 成型手法 | 汤圆采用捏制成型的手法正确 | 20 | |
| 成品标准 | 呈圆形、色泽洁白、大小均匀，吃口软糯香甜的成品与盛装器皿搭配协调，造型美观 | 20 | |
| 装盘 | 成品与盛装器皿搭配协调、造型美观 | 10 | |
| 卫生 | 工作完成后，工位干净整齐、工具清洁干净、摆放入位 | 10 | |
| 合计 | | 100 | |

## 八、课后练习

（一）选择题

1.（语言题）他正在给全班做（　），你看他操作得多么（　）。

A. 例子　熟练　　B. 举例　娴熟　　C. 示范　娴熟　　D. 示范　熟悉

2.（操作题）中式面点工艺中常用的豆类主要有（　）。

A. 绿豆、四季豆、赤豆、扁豆　　B. 赤豆、绿豆、豌豆、扁豆

C. 大豆、蚕豆、绿豆、豇豆　　　D. 豌豆、赤豆、绿豆、大豆

（二）判断题

1. 米粉面主坯一般不做发酵使用。（　　）

2. 籼米中含有 83％的支链淀粉。（　　）

（三）制作题

根据个人喜好改变馅心，制作各种各样的汤圆，如花生汤圆、豆沙汤圆、紫米汤圆和各种水果汤圆等。

# 项目八 月饼的制作

## 一、学习目标

1. 知识目标：能够熟练掌握在月饼制作过程中的词语及常用语。
2. 能力目标：
(1) 能够按照要求熬制糖浆。
(2) 能够控制好月饼烤制温度。
(3) 能够按照月饼制作流程在规定时间内完成月饼的制作。
3. 素质目标：培养学生严谨认真、细致耐心的工作作风。

## 二、制作准备

1. 设备、工具准备：
(1) 设备：案板、台秤、烤箱。
(2) 工具：刮刀、小刷子、烤盘、小碗、月饼模具、餐盘。
2. 原料准备：
(1) 皮料：面粉 210 克、糖浆 150 克、色拉油 50 克、碱水 3.5 克。
(2) 馅料：豆沙馅 1000 克。
(3) 糖浆：白糖 1000 克、清水 500 毫升、柠 檬 汁 120 克。

## 三、情景对话

### 场景一　制 糖 浆

(周末，刚吃完早饭，艾力就看到妈妈在厨房里忙碌。)

艾力：妈，您这是准备熬糖浆吗？

妈妈：对，还有半个月就是中秋节了，准备熬糖浆做月饼。艾力，你知道中秋节有什么特殊意义吗？

艾力：中秋节是一个团圆的节日，就是家人和朋友聚在一起赏月的日子。

妈妈：嗯，你说得对。据说最早中秋节是由古代祭月演变而来，古代历法把每个季节分为三个月，分别是孟月、 仲<sup>zhòng</sup>月、季月。农历八月正好是秋季的第二个月，称为"仲秋"，而农历八月十五又正好在秋季的二分之一日，所以又被称为"中秋"。不过到了现代，满月只是代表朋友或家人的团圆而已。

艾力：哦，的确是这样，圆满的形状就好像是传统的晚餐圆桌似<sup>shì</sup>的。按照咱们中国人的习俗<sup>sú</sup>，中秋节这一天，大家也会聚在一起赏月、吃月饼。

妈妈：吃月饼是中秋节的重要活动之一。今天帮我一起准备做月饼的糖浆吧。

艾力：妈妈心灵手巧，没有学不会的。

妈妈：制作月饼的第一步，是熬<sup>áo</sup>制糖浆。我们先给锅里加些清水，把白糖倒进去，慢慢搅拌，把白糖煮化。在熬制糖浆的过程中，要注意清除糖泥和杂质哦。

艾力：糖泥和杂质清理好了。我看您刚刚把柠檬榨<sup>zhà</sup>成了汁，柠檬汁有什么作用？

妈妈：柠檬汁是广式月饼的常用料，主要是增加转换糖浆的味道。白糖煮化之后，关小火，把柠檬汁倒进去继续熬<sup>jì xù</sup>，注意，柠檬汁不要太多，倒入柠檬汁后就不能再搅拌了，不然白糖容易翻砂<sup>shā</sup>。

艾力：哦，我记住了。糖浆要熬到什么程度呢？

妈妈：大约45分钟，变成深色就可以关火了。凉凉后，密封存放15天左右再使用。放凉之后的糖浆是浓稠的。

## 场景二 月饼的制作

（下周就是中秋节了，在库车县的红石榴烘焙<sup>hōng bèi</sup>坊里，新学徒依明正和师父米吉提学习制作月饼）

依明：师父，第一次做月饼，我有点儿担心呢。

师父：别担心，熟能生巧，多看、多练、多琢磨，师父也是从什么都不会的小学徒过来的。我们先把面粉过筛<sup>shāi</sup>，倒在案板上，开成窝状，窝中倒入糖浆。加入碱水，用手将碱水和糖浆拌和均匀。

图片1 月饼的制作——和面

依明：师父，为什么要加碱水？

师父：碱水可以起到 松 弛面团，增强面团延 伸 性的作用，也可以防止月饼出现酸味，有利于月饼着色。

依明：小小的碱水还有这么多作用呢。

**图片2　月饼的制作——叠压法**

师父：对，就像我们各行各业，没有高低贵 贱 之分，社会少了哪一 行 都不行 。接下来，我们分次倒入色拉油，每次倒入后，和糖浆、碱水拌和均匀，用刮板把面粉堆向中间的窝里，和其他原料拌和均匀。现在，我们用叠压法把拌和均匀的面制成月饼皮坯。

依明：师父，接下来是不是该下剂了？

**图片3　月饼的制作——下剂**

**图片4　月饼的制作——成型**

师父：对，我们把调制好的面团分成一个 30 克左右的剂子。把豆沙馅包进小面剂里，包成圆球，裹上干面粉，把包好馅的月饼生坯裹上干面粉，放入模（mú）具里。往下压模子，一定要压平，保持表面的花纹清晰（xī）。对，要用力按下去，脱模，你做得非常好。

依明：师父，月饼的样子出来了，太有成就感了。

师父：让你得（dé）意的时候还在后面呢。来，接下来我们烤月饼，先要做一步准备工作。

依明：师父，我知道，烤箱要预（yù）热。

师父：对，烤箱要先预热 200℃。预热的同时，你在月饼的表面喷一层清水。放进烤箱烤 8 分钟左右。待烤到浅黄色时端出来，用细毛刷子蘸（zhàn）上蛋黄液，轻轻扫饼皮的表面，刷好以后，放进烤箱烤 5 分钟后再取出，以同样方法刷蛋液，入烤箱再烤 5 分钟，这时候的月饼色泽（zé）金黄，就可以出炉了。

场景二微课视频——月饼的制作

依明：哇，月饼漂亮的颜色原来是这样来的，真不容易啊。

师父：台上一分钟，台下十年功。光彩夺目的背后，需要付出无尽的汗水。

依明：记住了，师父。

## 四、字词解析

1. 专有名词

（1）糖浆：[táng jiāng] 糖浆是通过煮或其他技术制成的、黏稠的、含高浓度的糖的溶液。制造糖浆的原材料可以是糖水、甘蔗汁、果汁或其他植物汁等。由于糖浆含糖量非常高，在密封状态下它不需要冷藏也可以保存比较长的时间。糖浆可以用来调制饮料或者做甜食。

（2）色拉油：[sè lā yóu] 指各种植物原油经脱胶、脱色、脱臭（脱脂）等加工程序精制而成的高级食用植物油。主要用做凉拌或做酱、调味料的原料油。市场上出售的色拉油主要有大豆色拉油、油菜籽色拉油、米糠色拉油、棉籽色拉油、葵花子色拉油和花生色拉油。

（3）碱：[jiǎn] 指电解质电离时所生成的负离子全部是氢氧根离子的化合物。这里指食用碱。

（4）饴糖：[yí táng] 用米和麦芽为原料制成的糖。主要成分是麦芽糖、葡萄糖和糊精。

（5）历法：[lì fǎ] 根据天象等来推定年、月、日、时、节气，用以计算较长的时间的方法。主要有阳历、阴历和阴阳历三种。公历是阳历的一种，农历是阴历的一种。

（6）农历：[nóng lì] 阴阳历的一种，是我国的传统历法，通常所说的阴历即农历。平年 12 个月，大月 30 天，小月 29 天，全年 354 天或 355 天（一年中哪一月大，哪一月小，年年不同）。由于平均每年的天数比太阳年约差 11 天，所以在 19 年里设置 7 个闰月，有闰月的年份全年 383 天或 384 天。又根据太阳的位置，把一个太阳年分成 24 个节气，便于农事。纪年用天干地支搭配，60 年周而复始。这种历法相传创始于夏代，所以又称"夏历"。也叫"旧历"。

（7）孟月：〔mèng yuè〕四季中每季的第一个月，即农历正月、四月、七月、十月。

（8）仲月：〔zhòng yuè〕四季中每季的第二个月，即农历二、五、八、十一月。

（9）季月：〔jì yuè〕每季的最后一个月，即农历三、六、九、十二月。

（10）柠檬汁：〔níng méng zhī〕是新鲜柠檬经榨挤后得到的汁液，酸味极浓，伴有淡淡的苦涩和清香味道。柠檬汁含有糖类、维生素 C、维生素 $B_1$ 及维生素 $B_2$，烟酸、钙、磷、铁等营养成分。柠檬汁为常用饮品，也是上等调味品，常用于西式菜肴和面点的制作中。

（11）库车县：〔kù chē xiàn〕别名龟兹（qiū cí），位于新疆中西部，阿克苏地区东端，东与轮台县为邻，东南与尉犁县相接，南靠塔克拉玛干沙漠，西南与沙雅县相连，西与新和县隔河相望，西北与拜城县接壤，北部与和静县毗连（pí lián），隶属于新疆维吾尔自治区阿克苏地区。

（12）皮坯：〔pí pī〕是指任何经过水场处理而未经表面涂饰的真皮。

（13）过筛：〔guò shāi〕①使通过筛子或筛网材料。②使粮食、矿石等通过筛子，进行挑选。③比喻仔细选择。

（14）叠压法：〔dié yā fǎ〕将即将成型的面团放在案板上，右手五指握成拳头状，在面团各处用力向下捣压，面团被捣压成扁圆形；用手握着扁圆形面团的一头，向上提起；向中间折回，折成合页状；右手五指握成拳头状，在折回的合页状面团各处均匀用力向下捣压；重复上述步骤直到面团有韧性即可。

（15）烘焙：〔hōng bèi〕用火烘干（茶叶、烟叶等）。

2.课文词语

（1）特殊：〔tè shū〕不同于同类的事物或平常的情况的：情形～。～照顾。～待遇。

（2）模具：〔mú jù〕对金属、塑料、橡胶、玻璃等材料进行成型加工用的工具。很多模具须耐受高温、高压和冲击，形状较复杂，所以制造模具常使用较高级的材料和专用的模具加工机床。

（3）习俗：〔xí sú〕习惯和风俗：民族～。山村～。

（4）榨：〔zhà〕①压出物体里的汁液：～油。～甘蔗。②压出物体里汁液的器具：油～。酒～。③姓。

（5）继续：〔jì xù〕连下去；延长下去；不间断：～不停。～工作。大雨～了三昼夜。

（6）蜂蜜：〔fēng mì〕蜜蜂采集花蜜经酿造加工而成的黏稠液体。黄白色，有甜味。主要成分是葡萄糖和果糖，含少量的蛋白质、维生素等。

（7）得意：〔dé yì〕称心如意；感到非常满意：～之作。～门生。～扬扬。自鸣～。

（8）清晰：〔qīng xī〕清楚：发音～。～可辨。

（9）松弛：〔sōng chí〕①松散；不紧张：肌肉～。②（制度、纪律等）执行得不严格：纪律～。

（10）延伸：〔yán shēn〕延长；伸展：这条铁路一直～到国境线。

（11）预热：〔yù rè〕预行加热，也用于比喻：发动机～。空调市场～。

（12）蘸：〔zhàn〕在液体、粉末或糊状的东西里沾一下就拿出来：～水钢笔。～糖吃。大葱～酱。

（13）色泽：[sè zé]颜色和光泽：～鲜艳。

3．成语俗语

（1）心灵手巧：[xīn líng shǒu qiǎo]心思灵敏，手艺巧妙（多用于女子）。

（2）台上一分钟，台下十年功：[tái shàng yì fēn zhōng，tái xià shí nián gōng]意思是在台上的一分钟让大家欣赏，其实都是演员们在台下练了十年之久的时间。比喻人要刻苦钻研，才会有伟大的成功和成就！多用于形容成功来之不易，需要不断地刻苦训练和学习。

（3）高低贵贱：[gāo dī guì jiàn]贵：尊贵。指物体的价值或人的地位的高下等级。如我们之间都是平等的，没有高低贵贱的分别。

（4）光彩夺目：[guāng cǎi duó mù]夺目：耀眼。形容鲜艳耀眼。也用来形容某些艺术作品和艺术形象的极高成就。

# 五、制作流程图

步骤一：将白糖加入盛有清水的锅内，火烧沸。
步骤二：在熬制糖浆的过程中，要注意清除糖泥和杂质。
步骤三：将柠檬榨汁，把汁放入大桶内，继续熬制。
步骤四：加入饴糖继续熬制。
步骤五：降低火温，继续熬制1~1.5小时最后加入蜂蜜。

步骤一：面粉过筛倒在案台上，开成窝状。
步骤二：窝中倒入糖浆。
步骤三：加入碱水，用手将碱水和糖浆拌和均匀。
步骤四：分次倒入色拉油，每次倒入后与糖浆、碱水拌和均匀。
步骤五：用刮板将面粉堆向窝中，与其他原料拌和均匀。
步骤六：用叠压法拌和均匀，制成月饼皮坯。

步骤一：烤箱预热200℃，在月饼的面上喷一层清水，入烤箱烤8分钟左右。
步骤二：待烤至浅黄色取出，用细毛刷子蘸蛋黄液，轻扫饼皮表面即可，刷完后入炉烤5分钟。
步骤三：取出，再次以同样方法刷蛋液，再次入炉烤5分钟，色泽金黄即可出炉。

制糖 ▶ 制馅 ▶ 和面 ▶ 成型 ▶ 烤制 ▶ 装盘

步骤一：豆沙分成每个50克大小的剂子
步骤二：用手心搓圆。

步骤一：将调制好的面团下剂成30克一个的剂子。
步骤二：将小面剂包入豆沙馅。
步骤三：包成圆球，并裹上干面粉。
步骤四：将包好馅的月饼生坯裹上干面粉，放入模具里。
步骤五：往下压模子，要压平，保持表面的花纹清晰。
步骤六：用力按一下，脱模轻轻弹出一个月饼。
步骤七：重复以上过程，月饼生坯即成。

将烤制好的成品装入餐盘中。

# 六、知识链接

## 中秋节的文化渊源

农历八月十五日是我国传统的中秋节，也是我国仅次于春节的第二大传统节日。古往今来，人们常用"月圆月缺"来形容"悲欢离合"，客居他乡的游子，更是以明月来寄托深情。唐代诗人李白的"举头望明月，低头思故乡"，杜甫的"露从今夜白，月是故乡明"，宋代王安石的"春风又绿江南岸，明月何时照我还"等诗句，都是千古绝唱。

中秋节，又称"祭月节""月光诞""月夕""秋节""仲秋节""拜月节""月娘节""月亮节""团圆节"等，是中国四大传统节日之一。中秋节源自天象崇拜，由上古时代秋夕祭月演变而来。中秋节自古便有祭月、赏月、吃月饼、看花灯、赏桂花、饮桂花酒等民俗，流传至今，经久不息。古代帝王有春天祭日、秋天祭月的社制，民间也有中秋祭月之风，到了后来赏月重于祭月，严肃的祭祀变成了轻松的欢娱。中秋赏月的风俗在唐代极盛，许多诗人的名篇中都有咏月的诗句，宋代、明代、清代宫廷和民间的拜月赏月活动更具规模。我国各地至今留存着许多"拜月坛""拜月亭""望月楼"的古迹。北京的"月坛"就是明嘉靖年间为祭月修造的。每当中秋月亮升起，于露天设案，将月饼、石榴、枣子等瓜果供于桌案上，拜月后，全家人围桌而坐，边吃边谈，共赏明月。现在，祭月拜月活动已被规模盛大、多彩多姿的群众赏月游乐活动替代。吃月饼是节日的另一习俗，月饼象征着团圆。月饼的制作从唐代以后越来越考究。苏东坡有诗写道"小饼如嚼月，中有酥和饴"，清朝杨光辅写道"月饼饱装桃肉馅，雪糕甜砌蔗糖霜"。看来当时的月饼和现在已经很相近了。

## 七、评价自测

| 评价内容 | 评价标准 | 满分 | 得分 |
|---|---|---|---|
| 词语掌握 | 在制作月饼交流的过程中能够熟练运用本课17个常用词语 | 20 | |
| 语法掌握 | 制作月饼时能够熟练运用口语进行表述并且符合逻辑、语法运用合理 | 20 | |
| 成型手法 | 月饼利用模具成型的手法正确 | 20 | |
| 成品标准 | 成品色泽金黄，图案清晰玲珑，形状美观，柔软甘香 | 20 | |
| 装盘 | 成品与盛装器皿搭配协调、造型美观 | 10 | |
| 卫生 | 工作完成后，工位干净整齐、工具清洁干净、摆放入位 | 10 | |
| 合计 | | 100 | |

## 八、课后练习

（一）选择题

1.（语言题）普通话发音讲究字正腔圆，吐字（　　），学好普通话，要每天（　　）多读多说。

A. 清楚 坚强　　　B. 清澈 持续　　　C. 明晰 坚持　　　D. 清晰 坚持

2.（操作题）每一种主坯制作的点心均应有典型的（　　）标准，它与原料的种类、数量、成熟方法及火力、油量大小有密切关系。

A. 色泽　　　　B. 形态　　　　C. 口味　　　　D. 质感

（二）判断题

1. 白砂糖具有熔点低、晶粒粗大的特点。（　　）

2. 蛋清的发泡性能，可改变主坯的组织状态，提高成品的疏松度和柔软性。（　　）

（三）制作题

为你的家人制作一款五仁月饼。

# 项目九 春饼的制作

## 一、学习目标

1. 知识目标：能够熟练掌握在春饼制作过程中的词语及常用语。

2. 能力目标：进一步掌握面点基本操作技能：和面、揉面、搓条、下剂、擀面皮；能够炒制春饼的馅心，并掌握春饼的成型方法，包春饼。

3. 素质目标：在完成任务的过程中，学会共同合作；自己动手制作，通过作品的呈现，把作品转化为产品，实现自我价值。

## 二、制作准备

1. 设备、工具准备：

(1) 设备：案台、炉灶、电 磁 炉（diàn cí lú）、平底锅。

(2) 工具：擀面杖、面刮板、料缸、炒锅、炒勺、漏勺、筷子。

2. 原料准备：

(1) 面团：面粉 500 克、热水 100 克、凉水 100 克、食盐 5 克。

(2) 馅心：土豆丝 300 克、青椒丝 15 克、葱花 8 克、食盐 6 克、白糖 2 克、鸡精 3 克、豆芽 100 克、牛肉 200 克、粉条 200 克、大蒜 4 瓣（bàn）、食盐 5 克、鸡精 4 克。

## 三、情景对话

**场景一 制饼**

（今天正好是立春，母亲打算给全家做个春饼卷菜吃。）

巴哈尔：妈妈，这个春节过得我都胖了好多，天天吃肉吃大餐，咱们今天吃点儿清淡的吧？

母亲：好啊，今天咱们做个春饼然后就着东北的大 碴 子（dà chá zi）粥喝喝怎么样？正好今天也是立春。

巴哈尔：哇！妈妈您太厉害了，春饼都会做，咱们家这么多人，烙那么多饼，前面的饼子岂不是干了硬了？

母亲：嘿，这你就不知道了吧，春饼讲究的是半烫面，跟普通面不一样，做出来的春饼

báo rú chán yì
薄 如 蝉 翼，抻而不破，卷上炒好的菜，吃一口可满满是春天的味道。

（母亲说着话已经将500克的面粉挖进了面盆里）

母亲：巴哈尔，别愣着了，来帮我的忙！

巴哈尔：太好了母亲大人，我可荣幸之至，您尽管吩咐要我做啥？

母亲：先去帮我把盐盒子拿过来，然后帮我接100克80度的热水和100克凉水拿过来。

巴哈尔：来，妈妈您要的盐和水，都按您吩咐准备好了。

母亲：我们巴哈尔很利lì suo索啊，来，你看先放5克盐，把面搅匀，这一步是为了让面更筋道。然后把面在盆里分成两半，一半倒热水用筷子搅jiǎo yún匀，一半倒凉水，然后把两部分搅在一起，用手揉成光滑的面团，这就是半烫面，又筋jin dao道又软和。

**图片1　春饼制饼——和面**

巴哈尔：妈妈，后面的步bù zhòu骤我大概知道了，您以前教过我，该下剂和醒面了吧。

母亲：对对对，非常不错啊，我女儿举一反三能力很强嘛，那这样你来下剂，我说你做。

巴哈尔：好嘞。

（巴哈尔把面团揉成条，均匀揪出12个面剂子，摆在抹好油的盘中，每个面剂子抹上油，包上保鲜膜，醒发30分钟。）

**图片2　春饼制饼——下剂**

母亲：好嘞，半个小时差不多，面饧好了。

巴哈尔：妈妈现在该怎么做呢？一张张擀吗？

母亲：不全是哦，先把每个剂子按àn biǎn扁，巴哈尔给我从碗橱拿个小碗，舀yǎo上两勺面粉，顺便把咱家案台上烧好的熟油拿来。

巴哈尔：妈妈，给您。您这是要面和油做油酥吗？

母亲：对咯，看我们家巴哈尔现在对做饭越来越开窍了。给两勺面粉里面加三勺油，和匀了，这就是油酥。再依次刷在面饼上，叠摞起来，用手把春饼整个按扁，再从中间擀成薄饼，放入蒸锅，上汽后蒸9分钟（9分钟后饼熟了，巴哈尔把饼取了出来）。

图片3　春饼制饼——擀饼

巴哈尔：我的天！妈妈您神了啊，这每一张饼都不沾，还老有韧性了！

母亲：嘿嘿，妈妈没骗你吧，这半烫面做出来的饼子是不是不容易干又筋道？而且春饼也没你想得那么难做吧？

## 场景二　制馅心

（过年期间，张宣因为跑外卖，每天只能晚上回来吃顿热乎的，张宣的老婆林佳变着法地给他做可口的饭食，今天就做个春饼卷菜。他俩的孩子小土豆，今年四年级了，成绩很不错，今天也闹着要跟妈妈学炒菜。）

小土豆：妈妈，平时你都让我好好学习啥都不要管，但是老师也说了，我们平时在家也要完成劳动作业，你就让我学着跟你做饭呗？

林佳：好好好，我们家小土豆长大了，那以后爸爸妈妈要忙的话，你就慢慢学着做饭、洗碗。

小土豆：好呢，妈妈，那今天就由我来配菜吧！

林佳：呵呵，好，你先把土豆、青椒洗了，豆芽择了，剥上4瓣蒜。

小土豆：喏，一切准备就绪。

林佳：我们小土豆干活真迅速啊！好呢，你现在再把土豆擦丝儿，然后把择好的豆芽和泡好的粉条用水烫一下。

（10分钟后，小土豆的备菜工作结束了。）

林佳：好呢，儿子，你看这块肉先切成片再把它改刀切成丝儿，然后放姜丝儿和老抽、

熟油腌<sup>yān zhì</sup>制一会儿。

yān zhì

小土豆：妈妈，放老抽和姜丝儿我理解，放油进生肉里干吗？肉不是一会儿就放进炒锅炒吗？

林佳：这个问题提得好啊，放油是为了炒的时候肉的口感更嫩，油包裹住肉，肉里面会更嫩，吃起来不会柴。

小土豆：哦，明白了，是不是每个人炒肉的方式都不太一样啊，妈妈？

林佳：对啊，所以同样的材料每个人做出来的味道也会不一样，

场景一微课视频——春饼的制作

你要是对做饭这么感兴趣，你也可以研究你的做菜方式，形成你的小派系<sup>pài xì</sup>哦！

小土豆：哎呀，妈妈你这么一说让我对做饭更感兴趣了。

林佳：好了，我们把炒好的肉盛出来，放入豆芽和粉条，大火翻炒一下，放上点儿盐和鸡精，最后撒上出锅蒜翻炒两下就可以盛出来了。

小土豆：噢，妈妈，是不是因为豆芽和粉条提前过过水，所以不用炒那么久。

林佳：儿子，聪明哦，大饭店或是饭馆里一般大多数的食材也都是提前焯水再炒制的，一方面冻过的肉类焯水是为了去掉腥味和血沫子<sup>xiě mò zi</sup>，素菜焯水有的是为了去掉多余的味道，保留本味。

小土豆：噢，明白了妈妈，那接下来是不是要炒土豆丝了？

林佳：是的，小土豆，你来练手，妈妈指导你。

小土豆：好的，妈妈先倒啥？

林佳：油热了先放葱和蒜，把葱蒜爆香，然后再放土豆丝。

小土豆：妈妈，差不多了，放青椒吗？

林佳：不，先放醋，欸，对了，洒两圈就行了！

小土豆：嚯，妈妈，酸味一下子就上来了，为啥先放醋？

林佳：想要土豆丝吃着脆，所有的调料先放醋。好了，这会儿再放点儿老抽和鸡精，然后放青椒，青椒炒制断生<sup>duàn shēng</sup>即可。

小土豆：妈妈，啥叫断生？

林佳：断生就是不要把菜炒软了，半生半熟即可，像青椒这种生着也能吃的菜炒菜时都是最后放，增个味儿就行。

小土豆：妈妈，这两种菜好像炒得有点儿干啊，没汤汁。

林佳：嘿，这都被你观察出来了啊，炒春卷包的菜，不能炒出水儿，不然春卷一包不就"露馅儿<sup>lòu xiàn er</sup>"了。

小土豆：哈哈哈，原来"露馅儿"是这样漏的啊。

（说话间，张宣跑完最后一单回来了）

张宣：我在楼道就听到你们娘俩的笑声了，干啥呢，这么高兴？

林佳：嘿，你这赶得早不如赶得巧，我们刚做好饭你就回来啦，今天你儿子给你炒了两个卷饼菜，咋样，能干吧？

小土豆：爸爸辛苦啦！快洗洗手吃饭吧！

## 四、字词解析

1. 专有名词

（1）立春：[lì chūn] 立春，为廿四节气之首，又名"正月节""岁节""改岁""岁旦"等。立，是"开始"之意；春，代表着温暖、生长。在自然界，立春最显著的特点就是万物开始有复苏的迹象。立春乃万物起始、一切更生之意也，意味着新的一个轮回已开启。立春即春季的开始，时序进入春季。此时虽依然春寒料峭，但寒冬已尽，春回大地，万物复苏，大自然生机勃发。所以古人重视立春，在古时有迎春之仪。

廿四节气是上古农耕文明的产物，它在我国传统农耕社会中占有极其重要的位置。秦汉以前，南北各地风俗文化不同，一些地方岁首礼俗所重的不是阴历元月朔日，而是干支历廿四节气的立春。立春岁首对于传统农耕社会具有重要的意义，重大的拜神祭祖、祈岁纳福、驱邪禳灾、除旧布新、迎新春等庆典均安排在立春日及其前后时段举行，这一系列的节庆活动不仅构成了后世岁首节庆的框架，而且它的民俗功能也一直遗存至今。

明代作品《群芳谱》对立春解释为："立，始建也。春气始而建立也。"《立春》诗云："东风带雨逐西风，大地阳和暖气生。"《月令七十二候集解》："立春，正月节；立，建始也；五行之气往者过来者续于此；而春木之气始至，故谓之立也；立夏、秋、冬同。"

（2）春饼：[chūn bǐng] 吃春饼是中国民间立春饮食风俗之一。在一些地区（东北、华北等地区）立春有吃春饼的习俗，春饼是面粉烙制的薄饼，一般要卷菜而食。最早，春饼与菜放在一个盘子里，称为"春盘"。宋《岁时广记》引唐《四时宝镜》载："立春日食萝菔、春饼、生菜，号春盘。"

从宋到明清，吃春饼之风日盛，且有了皇帝在立春向百官赏赐春盘春饼的记载。明《燕都游览志》载："凡立春日，（皇帝）于午门赐百官春饼。"到清代，伴春饼而食的菜馅更为丰富。人们备上小菜或各式炒菜，吃春饼时随意夹入饼内。立春吃春饼有喜迎春季、祈盼丰收之意。

2. 课文词语

（1）大碴子：[dà chá zi] 大碴子，东北官话词语，指大颗的玉米粒，可做大碴子粥、碴条、棒子面饼，为东北特色食品。大碴子需要预先浸泡，使其充分吸水膨胀后，再煮粥，下锅后大火烧开，小火慢熬，直至绵软。

（2）半烫面：[bàn tàng miàn] 用热水和一半面，用冷水和一半面，混合在一起而制成的面食。行业中把烫面程度称为"三生面""四生面"，三生面就是说十成面当中有三成是生的七成是熟的，四生面就是生面四成、熟面占六成，一半制品大约都在这两个比例之中。如烧卖花饺、韭菜合子等都采用此类面团。如遇到特殊高筋面粉就应该把烫熟的成分加大。

（3）薄如蝉翼：[báo rú chán yì] 指很薄很纤细、像蝉的翅膀一样，这就是个比喻修辞。形容一样东西或事物很单薄、很脆弱，不堪一击。例：①我拿起了那张薄如蝉翼的纸，力透纸背，指尖发紫几乎渗出凉汗。②虽然信念有时候薄如蝉翼，但只要坚持，它会越变越厚。

（4）抻：[chēn] 抻，拉长东西，拖延。抻面，用手把面团扯成面条儿。

（5）熟油：[shú yóu] 俗称"鱼油"，也称"清油"。浅黄至棕黄色的黏稠液体。由亚麻仁油、梓油或苏子油等经过熬炼，或在加热时吹入空气，并调入催干剂而成。

（6）油酥：[yóu sū] 面粉中和以食油，烙熟后发酥的（食品），如油酥饼。

（7）开窍：[kāi qiào] 指思维通畅；意念直接控制眼耳口，思维敏捷。出自《红楼梦》第五十七回："彼时贾母又命将祛邪守灵丹及开窍通神散各样上方秘制诸药，按方饮服。"

（8）韧性：[rèn xìng] ①物体柔软坚实、不易折断破裂的性质。②指顽强持久的精神，坚忍不拔的意志。鲁迅《坟·娜拉走后怎样》："正无需乎震骇一时的牺牲，不如深沉的韧性的战斗。"鲁迅《华盖集·这个与那个》："中国一向就少有失败的英雄，少有韧性的反抗，少有敢单身鏖战的武人。"

(9) 筋道：[jīn dao] ①方言。指食物有韧性，耐咀嚼。如拉面吃到嘴里挺筋道。②方言。身体结实。如这老头儿倒挺筋道。

(10) 瓣：[bàn] ①花瓣：梅花有五个～儿。②植物的种子、果实或球茎可以分开的小块儿：豆～儿。橘子～儿。蒜～儿。③物体自然地分成或破碎后分成的部分：四角八～儿。碗摔成几～儿。④瓣膜的简称。⑤用于花瓣、叶片或种子、果实、球茎分开的小块儿：两～儿蒜。把西瓜切成四～儿。

(11) 柴：[chái] ①柴火：木～。～草。上山打～。②干瘦；不松软；纤维多，不易嚼烂：这芹菜显得～。酱肘子肥而不腻，瘦而不～。③质量低或品质、能力差：这支笔刚用就坏，太～了。他棋下得特～。④姓。

(12) 派系：[pài xì] 本文主要指以地域或个人风格为主的烹饪派别。

(13) 腥味：[xīng wèi] 鱼是一种营养丰富、味道鲜美的食物但鱼腥味很讨厌。腥味来自鱼肉蛋白质的代谢和腐败产生的叫"三甲胺"和"哌啶"的物质，三甲胺是气体，易溶于水。哌啶也是液体，有氨臭味，鱼腥味的浓淡与三甲胺的浓度关系较为密切。

(14) 血沫子：[xuè mò zi] 焯水的目的就是去腥，而腥味的来源就是肉中的血水，这些血水被煮出来后就会变成浮沫，也叫"血沫子"。这种浮沫是灰色的，有淡淡的红色，看起来就很脏，有很大的腥味。所以焯水时的浮沫一定要去掉，这样焯水后的肉才不会有腥味。

(15) 断生：[duàn shēng] 俗称"八分熟"，就是把原料加热到无生性气味，并接近成熟的状态，不要误解为"断其生命"。其实就是让食材差不多熟了，没有生涩之味，非常接近于我们经常所说的"熟了"，可以吃了。无论植物性食材还是动物性食材，都有断生之说。

(16) 露馅儿：[lòu xiànr] 本文指包的馅心太多了，从皮儿里漏了出来。

五、制作流程图

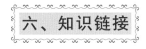

### 春饼的由来

来历一：春卷在我国有着悠久的历史，北方人也称"春饼"。据传在东晋时代就有。那时叫"春盘"。当时人们每到立春这一天，就将面粉制成的薄饼摊在盘中，加上精美蔬菜食用，故称"春盘"。那时不仅立春这一天食用，春游时人们也带上"春盘"。

到唐宋时，这种风气更为盛行。著名诗人杜甫的"春日春盘细生菜"和陆游的"春日春盘节物新"的诗句，都真实地反映了唐宋时期人们这一生活习俗。在唐代，春盘又叫"五辛盘"。明代李时珍说："以葱、蒜、韭、蓼、蒿、芥辛嫩之菜杂和食之，谓之五辛盘。"

来历二：清朝的金门人蔡谦有一次受皇上刁难，要两手同时书写。看丈夫没法吃饭，蔡谦的妻子便迅速用面皮裹好各式菜直接塞入丈夫口中，这就是春卷。春卷在我国有着悠久的历史，北方人也称"春饼"。当时人们每到立春这一天，就将面粉制成的薄饼摊在盘中，加上精美蔬菜食用，故称"春盘"。

以后春盘、五辛盘又演变为春饼。宋朝吴自牧在《梦粱录》中这样描述："常熟糍糕、馄饨瓦铃儿，春饼、菜饼、圆子汤。"清代，富家或士庶之家，也多食春饼。清代富察敦崇在《燕京岁时记·打春》中记载："是日富家多食春饼，妇女等多买萝卜而食之，曰咬春，谓可以却春闲也。"这样，吃春饼逐渐成了一种传统习俗，以图吉祥如意，消灾去难。

### 立春节气习俗

立春，是二十四节气中的第一个节气，中国自官方到民间都极为重视，立春之日迎春已有三千多年历史。下面是小编精心推荐的立春节气习俗有什么，仅供参考，欢迎阅读！

立春习俗有什么？

#### 立春习俗1：打春

立春亦称"打春""咬春"，又叫"报春"。这个节令与众多节令一样有众多民俗，有迎春行春的庆贺祭典与活动，有打春的"打牛"和咬春吃春饼、春盘、咬萝卜之习俗等。

我国自古为农业国，春种秋收，关键在春。民谚有"一年之计在于春"的说法。旧俗立春，既是一个古老的节气，也是一个重大的节日。天子要在立春日，亲率诸侯、大夫迎春于东郊，行布德施惠之令。《事物纪原》记载："周公始制立春土牛，盖出土牛以示农耕早晚。"后世历代封建统治者这一天都要举行鞭春之礼，意在鼓励农耕，发展生产。

山西民间流行着春字歌："春日春风动，春江春水流。春人饮春酒，春官鞭春牛。"讲的就是打春牛的盛况。

#### 立春习俗2：报春

旧俗立春前一日，有两名艺人顶冠饰带，一称"春官"，一称"春吏"。沿街高喊："春来了"，俗称"报春"。无论士、农、工、商，见春官都要作揖礼谒。报春人遇到摊贩商店，可以随便拿取货物、食品，店主笑脸相迎。这一天，州、县要举行隆重的"迎春"活动。

#### 立春习俗3：咬春

立春节，民间习惯吃萝卜、姜、葱、面饼，称为"咬春"。运城地区新嫁女，娘家要接回，称为"迎春"。临汾地区则习惯请女婿吃春饼。

咬春是指立春日吃春盘、吃春饼、吃春卷、咬萝卜之俗，一个"咬"字道出节令的众多食俗。

春盘春饼是用蔬菜、水果、饼饵等装盘馈送亲友或自食，称为"春盘"。杜甫的《立春》诗曰："春日春盘细生菜，忽忆两京梅发时。"周密的《武林旧事》载："后苑办造春盘供进，及分赐贵邸宰臣巨珰，翠柳红丝，金鸡玉燕，备极精巧，每盘值万钱。"

### 立春习俗4：炸春卷

炸春卷也是古代装春盘内的传统节令食品。《岁时广记》云："京师富贵人家造面蚕，以肉或素做馅……名曰探官蚕。又因立春日做此，故又称探春蚕。"后来蚕字音谐转化为卷，即当今常吃的"春卷"。古时常用椿树的嫩芽为馅，元代用羊肉为馅，现今则多以猪肉、豆芽、韭菜、韭黄等为馅，外焦内香，是很好的春令食品。

### 立春习俗5：萝卜

萝卜古代时称"芦菔"，苏东坡有诗云："芦菔根尚含晓露，秋来霜雪满东园，芦菔生儿芥有孙。"旧时药典认为，萝卜根叶皆可生、熟、当菜当饭而食，有很大的药用价值。常食萝卜不但可解春困，还可有助于软化血管，降血脂稳血压，可解酒、理气等，具有营养、健身、祛病之功。这也是古人提倡在立春时众人咬萝卜的本来用意吧。北方人多爱吃生萝卜，尤以心里美和小红萝卜为最佳。旧京时以南苑大红门的萝卜最受欢迎，俗有"大红门的萝卜叫京门"之俗语。

## 七、评价自测

| 评价内容 | 评价标准 | 满分 | 得分 |
|---|---|---|---|
| 词语掌握 | 在学习做春饼的过程中能够熟练运用本课16个常用词语 | 20 | |
| 语法掌握 | 做春饼时能够熟练运用口语进行表述并且符合逻辑、语法运用合理 | 20 | |
| 成型手法 | 和春饼半烫面和擀制面皮的手法正确 | 20 | |
| 成品标准 | 形状美观、色泽洁白、入口筋道 | 20 | |
| 装盘 | 成品与盛装器皿搭配协调、造型美观 | 10 | |
| 卫生 | 工作完成后，工位干净整齐、工具清洁干净、摆放入位 | 10 | |
| 合计 | | 100 | |

## 八、课后练习

（一）选择题

1. 薄如蝉翼的"薄"是多音字，在这个词里"薄"字读（　　）。

A. báo　　　B. bó　　　C. bò　　　D. bō

2. 春饼的面是要和成什么面。（　　）

A. 发面　　　B. 烫面　　　C. 半烫面　　　D. 半发面

（二）判断题

1. 春饼要做得薄如蝉翼、抻而不破。（　　）

2. 春饼的馅心菜可以炒得汤汁多点儿。（　　）

（三）制作题

立春到了，请根据制作流程图完成一份春饼和舍友们一起分享品尝吧。

# 项目十 ——麻花的制作

## 一、学习目标

1. 知识目标：能够熟练掌握在麻花制作过程中的词语及常用语。

2. 能力目标：

（1）会和面、揉面、搓条等。

（2）掌握麻花的编制手法。

（3）掌握炸制技能。

3. 素质目标：通过作品的呈现，实现自我价值，把作品转化为产品，为企业争创经济效益。

## 二、制作准备

1. 设备、工具准备：

（1）设备：案台、案板、炉灶、炒锅、电子秤。

（2）工具：手勺、漏勺、面刮板。

2. 原料准备：

中筋粉 500 克、鸡蛋 3 个、泡打粉 7 克、白糖 200 克、油 50 克、水 100 克。

## 三、情景对话

### 场景一 麻花制作

主持人：《美食天下》的观众朋友们大家好，欢迎大家观看我们的节目！今天我们依然和钟小厨一起来探索华夏美食，制作中式面点。钟小厨，今天给大家带来的是什么？

钟小厨：大家好，今天我们制作的美食就藏在一个谜语里，"一段面，一尺长，三折两折单成双，两手一拧似粗绳，油里烹炸脆又香"。大家能猜出来吗？

主持人：一尺长，两手一拧似粗绳，那应该是大家耳熟能详的麻花啦！

钟小厨：答对了，今天就教大家制作麻花。

主持人：在家也能吃到酥松油润、香甜可口的麻花了。

钟小厨：考考你，麻花是用什么面团制作的？

主持人：这个难不倒我，能做出酥松的麻花，当然是 蓬 松面团啦。

钟小厨：对，现在我们就来调制面团。把面粉、泡打粉混合均匀，围成窝状，再把鸡蛋倒进白糖和油中，用右手调拌均匀后拌和，加水和面。这里要注意，水要分次加进面粉里，不能一次加足水。

主持人：接下来就用到面刮板了。

钟小厨：对，左手用面刮板拌，右手配合揉面。

主持人：现在的面看起来很像一朵朵雪花。

钟小厨：是的，把面粉调成这样的"雪花状"，再洒少许水调制，揉成软硬适度的面团。接下来教大家揉面、醒面，左手压着面团的另一头，右手用力揉面团，把面团揉得光洁即可。再用湿毛巾盖好面团，饧大约10分钟。

## 场景二　炸制麻花

（奶奶准备为麦迪娜炸麻花，面已经醒好了）

麦迪娜：奶奶，炸麻花有什么诀<sub>qiǎo</sub>窍吗？为什么面团在您手里总是很听话？您今天一定要教教我。

**图片 1　麻花的制作——下剂**

奶奶：别担心，熟能生巧。面醒好了，现在我们开始搓条。先把面团下剂，稍搓搓，下剂的时候，注意大小要一样。然后，两只手把面条从中间往两头搓拉，双手用力要均匀，搓条的时候，我们可以撒上一些干面粉。

麦迪娜：接下来就是见证奇迹的时刻，麻花要成型了。

**图片 2　麻花的制作——搓条**

图片 3　麻花的制作——成型

奶奶：对，两只手从上下两个方向搓条，顺势卷起来。这时候要用力均匀，不要搓断。继续再搓再卷，卷成麻绳形状，收口要压紧实。

麦迪娜：确实很像搓麻绳。

图片 4　麻花的制作——炸制

奶奶：麻花成型，我们就可以炸制了。锅里烧油，烧到三成热时放麻花。这里有一个小技巧，油温不可以太高。

麦迪娜：奶奶，我注意到您炸麻花时，不停地用筷子翻动，是为了受热均匀吗？

奶奶：是的，我的麦迪娜真是聪明伶俐，等麻花的颜色变成金黄色，就熟了。

麦迪娜：我已经闻到香甜的气味啦，装盘出锅，大快朵颐！

## 四、字词解析

1. 专有名词

（1）蓬松面团：[péng sōng miàn tuán] 蓬松面团，就是在面团调制过程中加入适量的辅助原料，或采用适当的调制方法，使面团发生变化，化学和物理反应，产生或包裹大量气体，通过加热气体膨胀使制品蓬松，呈海绵状结构。蓬松面团按膨松方法可分为生物蓬松面团、化学蓬松面团和物理蓬松面团三种。

（2）拧：[nǐng] 用两只手握住物体的两端分别向相反的方向用力转动。

2. 课文词语

（1）光洁：[guāng jié] 光亮而洁净：～的皮肤上淌着汗珠。

（2）探索：[tàn suǒ] 多方寻求解决问题的答案：～经济规律。[近] 探求、探寻。

场景二插入微课视频——
麻花的炸制

（3）谜语：［mí yǔ］①暗射文字、事物让人根据字面说出答案的隐语。②比喻奥秘的事物。

（4）油润：［yóu rùn］形容光亮润泽。如它的健康显得越来越好；毛色发出油润的光泽，走路时发着轻微的、有节奏的嘚嘚声。

3．成语俗语

（1）耳熟能详：［ěr shú néng xiáng］听得多了，能够很清楚、很详细地复述出来。成语出自宋·欧阳修《泷冈阡表》：吾耳熟焉，故能详也。

（2）聪明伶俐：［cōng míng líng lì］，意思是形容小孩头脑机灵，活泼且乖巧。

（3）大快朵颐：［dà kuài duǒ yí］朵颐：鼓动腮颊，即大吃大嚼。痛痛快快地大吃一顿。

## 五、制作流程图

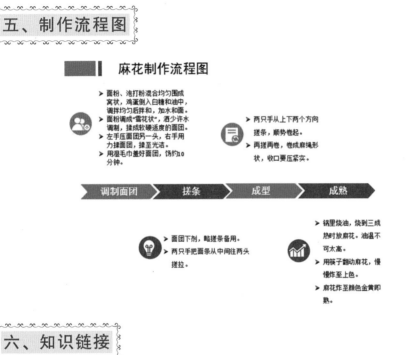

麻花制作流程图

## 六、知识链接

### 麻花

麻花，是中国的一种特色油炸面食小吃。传说是东汉人柴文进发明了麻花。现主产于陕西省咸阳、山西稷山、湖北崇阳、天津、湖南。其中，山西稷山以咸香油酥出名，湖北崇阳以小麻花出名，天津以大麻花出名。另有天津十八街麻花、河南汝阳县麻花、江苏藕粉麻花、河南宁平麻花、湖南新化赵氏麻花各具特色。做法是以两三股条状的面拧在一起用油炸制而成。在中国北方地区，立夏时节有吃麻花的古老习俗。

天津十八街麻花：津门食品三绝之一，它的创始人是刘老八。其制作考究、料精货实。先用热油和面，撒上桂花、闽姜、白糖、青梅、核桃仁、青红丝等制成酥馅面，搓成酥馅条；用糖汁和面后，搓成白条；把一部分白条蘸上芝麻，便成麻条。再把酥馅条、白条、麻条合股拧，对折再拧，然后用花生油文火炸透，炸成金黄色出锅，夹上冰糖块，撒上青红丝和瓜条等，这才成为"十八街"麻花，这种麻花不仅酥脆香甜，而且存放几个月也不绵软、不变质、不走味。

南昌的石头街麻花：一百多年前，南昌市石头街上有个小店铺，每天门庭若市，顾客盈门。这就是闻名遐迩的"品香斋"麻花店。这家徐氏夫妻店，店面不大，干净整洁，生产的蛋黄麻花精细小巧，状如双龙盘绕，颜色金黄油亮，味道酥香爽口，很受消费者的欢迎。在南昌市众多的麻花店中，徐氏的牌子最响，生意最好，人们常常远道而来，争相购买。"品香斋"就这样逐渐发达起来。后来，店铺也从"石头街"那条偏僻狭窄的小巷搬到了中山路闹市地段，发展成工厂化专业性生产。由于仍旧领先手工精细细搓，保持了原有的风味和特色，至今仍受人们喜爱，大家惯称它为"石头街麻花"。

咬金麻花：起源于陕西咸阳。咬金麻花保持了传统工艺，没有任何添加剂，保证了其口感清淡酥脆，色泽金黄醒目。在三秦大地深受老百姓的喜爱。

咬金麻花采用来自地道的原始制作工艺：提前发酵好的面团，取一定量做酵头，将食盐溶于水中与面粉混匀，加入鸡蛋，菜籽油和撕成小块的酵头，揉成光滑的面团，然后将面团切成每个 100 克的小面条，逐个搓成粗细均匀的麻花生坯。待麻花生坯全部搓完后从第一个搓制的开始炸起。选用纯正菜籽油在锅内加热 120℃，放入麻花生坯，用长筷子轻轻捋直，待浮起，颜色呈金黄时捞起即成。

咬金麻花金黄醒目，口感清香，齿颊留香，好吃不油腻，多吃不上火，富含蛋白质、氨基酸等多种维生素和微量元素，热量适中，低脂肪，健胃益脾，即可休闲品味，又可佐酒伴茶，是理想的休闲食品。

### 天津麻花

说天津麻花绝，那的确是有它绝的地方。就说生产厂家、店家，大大小小不计其数，而最著名的还得说是桂发祥，现在是桂发祥麻花集团总公司，是天津三绝食品之一。接下来便是河北区王记剪子股麻花，因其麻花形状像一把剪子而得名。还有河东区十香斋的蛋奶小麻花，酥、香、脆、甜小巧玲珑，富有营养，以及新崛起的各种麻花等，各区各县都有生产厂家，而在我们市区大街小巷的食品店、糕点店、副食门市部、小吃店、各大超市食品经营区以及车站、码头、机场到处都有经营天津麻花，特别是桂发祥（十八街）的麻花。天津麻花早已成了国人馈赠亲友的礼物，年年、月月、日日如此经久不衰，这是天津人的骄傲。70多年前，天津的麻花店经营的麻花几乎是千篇一律。用两三根白条拧在一起不捏头叫"绳子头"，两根白条加一根麻条拧在一起叫"花里虎"，两三根麻条拧成叫"麻轴"。而那时炸出的麻花虽脆香，但很硬。创始人刘老八为了使自己的麻花与众不同，他在麻花的白条和麻条之间夹进了什锦酥馅，促进了麻花质量的提高。屡经探索，终于研制了夹馅和半发面的新品种，使炸出的麻花一年四季保持质量稳定。根据群众需求，做成 50 克、100 克、250 克、500 克、1000 克重量不同、大小各异的多种规格麻花。这种独特风味的夹馅什锦麻花，口感油润、酥脆香甜、久放不绵，因而特别受群众欢迎。特别是近些年来，生产规模扩大了，品种增加了，使这一特色食品走上了更加广阔的发展道路。桂发祥麻花不仅品种有六七个，而且规格齐全，要大有大、要小有小，大的 25 千克、5 千克，小的 50 克、100 克。大麻花曾作为参加天津食品博览会以及"天交会"等活动的展品，重达 10 千克，麻花越大越不好操作，但是拿出绝活来，不论多大的麻花，一经油炸必定酥脆，麻花掉地上必定全碎，以示其质量。桂发祥的麻花"酥脆香甜、久放不绵"，是其自身质量的写照；说它"堪称绝活"是称其酥脆不艮，越嚼越香，甜口适度，有闽姜香味，以及炸得透，无水分，最少能放 3 个月，秋季麻花能过冬，不需防腐剂。"王记"剪子股麻花（亦称"王记"镦子麻花）与桂发祥什锦麻花同为天津特色风味名品。其创始人王云清，在 20 世纪 50 年代中期，研制了这种剪子形状的麻花，并不断改进提高，使之颇具特色，多次被评为市优和部优产品。

## 重庆麻花

重庆市陈昌银麻花食品有限公司曾经先后获得了"共和国小康建设奖""重庆市名优特产""全国行业质量诚信示范企业""全国用户满意企业"等诸多荣誉。先后被中央电视台致富经栏目、重庆电视台天天 630 栏目、《世界经理人》《金沙文化》、《重庆晚报》《重庆晨报》《健康人报》、新浪网、农博网等知名媒体报道。

古镇陈麻花有四个品种：甜、椒盐、麻辣、蜂蜜。作为现在的主打产品——甜味，香甜可口，入口即化，老少皆宜；椒盐麻花，口味醇正，酥脆化渣，深受广大朋友的喜爱；麻辣麻花，重庆口味，集甜、麻、辣于一体，回味无穷；新产品蜂蜜麻花，口味醇正，含有丰富的矿物质元素，是走亲访友的最佳礼品。目前还有一系列的精美礼品包装供大家选用。

## 民权贡麻花

民权有个麻花庄，麻花庄的村名起源于清盛时期，已有近 300 年的历史。《民权县县志》记载：清乾隆南巡至黄河渡口，阵风飘香，见路舍一翁烹麻花，芳香四溢，欲食之。随士奉于皇上品尝，香酥味美，赞入御膳。地方吏闻之，做贡品进献，受赏，钦封"麻花庄"。

民权贡麻花的前身为张家麻花。据考证，张家麻花创始于明代，清乾隆五年（1740），张姓从山东张庄寨迁于此处（现址麻花庄），耕作之余兼营麻花生意。自乾隆钦封村名后一直为清朝贡品，"文化大革命"期间被当作资本主义的尾巴曾险些失传。三中全会后，在当地党政领导的关心支持下，这一中华美食文化的历史奇葩才被挖掘出来，并由张俊江、张培仁父子打破家规，将祖传秘技授予乡邻。其间，《中国食品报》、中央电视台等数十家媒体先后刊播了"能点燃的麻花""李县长题词麻花滩""民权有个麻花庄"等图片及新闻；从此，这一昔日皇宫唯得见的贡品，终于飞进了寻常百姓家。

民权贡麻花是新一代绿色营养保健食品，风味独特，营养时尚，并采用国际领先技术，配料标准化，无矾、无碱、无糖精，避免了蛋白质、氨基酸等十几种人体不可缺少的营养成分流失，口感香甜滑润，鲜香不腻，营养丰富，老少皆宜，是现代居家生活不可缺少的营养保健食品。

民权贡麻花具有以下特点：

1. 产品历史悠久，民权麻花仅产于民权麻花庄，有良好的品牌效应。

2. 它是独家的秘制配方，不但历史悠久，而且档次上等。一个东西存在这么久一定有它存在的价值。

3. 营养结构合理。现在的人们饮食观念发生了很大变化，不但图好吃而且营养要跟得上。这里的麻花是保健食品，当然能吸引顾客了。

4. 古老的配方，现代的生产工艺，它的味道是古老的，做法却是先进的。

民权贡麻花被人们誉为"面食上品"，不仅荣获国家专利，还受到了商业部、国家民委的表彰，并多次在各类评比中获奖：1999 年，在京九食品展销会上获得"金奖"；2000 年，被商丘市人民政府评为"传统风味名优小吃"；2002 年 1 月获"中国专利博览会金奖"；2002

年 5 月获"法国科技质量监督评价委员会金奖";2003 年被河南省商贸厅评为"河南名吃";2005 年被深圳航空公司特选为"飞机上的配餐食品"。

民权贡麻花是小麦精粉、精炼植物油和十几种调料沿袭祖传秘方手工烹制而成,具有"吃着香酥脆、点燃亮似灯、久存质不变、遇水软而松"的特点,为补养身体差旅携带和馈赠亲朋好友的上乘佳品。

## 七、评价自测

| 评价内容 | 评价标准 | 满分 | 得分 |
|---|---|---|---|
| 词语掌握 | 在做麻花交流的过程中能够熟练运用本课 7 个常用词语 | 20 | |
| 语法掌握 | 做麻花交流时能够熟练运用口语进行表述并且符合逻辑、语法运用合理 | 20 | |
| 成型手法 | 搓条手法正确,按照要求每条都要粗细均匀,外形美观 | 20 | |
| 成品标准 | 造型漂亮,色泽金黄,酥松油润,香甜可口 | 20 | |
| 装盘 | 成品与盛装器皿搭配协调、造型美观 | 10 | |
| 卫生 | 工作完成后,工位干净整齐、工具清洁干净、摆放入位 | 10 | |
| 合计 | | 100 | |

## 八、课后练习

(一)选择题

1. 关于"耳熟能详"的用法,错误的是（　　）。

A. 有的成语即使你不懂,听得多了,耳熟能详,也就会用了

B. 孙雯、刘爱玲和高红等国脚也是大家耳熟能详的中国女足名将

C. 这是历年全国人大闭幕会上耳熟能详的一句话

D. 认识了十年,我们是耳熟能详的朋友

2. 关于麻花面团调制,描述正确的一项是（　　）。

A. 和面加水,必须一次加足

B. 面团调制好后,醒约 30 分钟

C. 麻花酥软,所以面团越软越好

D. 揉面团时,要用力把面团揉光洁

(二)判断题

1. 炸制麻花时,油温八成热时放入麻花。（　　）

2. 炸制麻花要用筷子翻动麻花,保持受热均匀。（　　）

(三)制作题

自己创意制作一款杂粮麻花。

# 项目十一 油条的制作

## 一、学习目标

1. 知识目标：能够熟练掌握在油条制作过程中的词语及常用语。
2. 能力目标：
(1) 会熟练掌握和面、揉面、搓条等。
(2) 掌握油条的成型手法。
(3) 掌握油条抻拉炸制的技能。
3. 素质目标：了解油条的由来，培养学生爱国精神。

## 二、制作准备

1. 工具准备：
擀面杖、面刮板、刀、长筷子。
2. 原料准备：
原料：油条粉 500 克、黄油 38 克、小苏打 4 克、油炸王 5 克、精盐 10 克、水 260 克、色拉油适量。

## 三、情景对话

### 场景一 油条制作

（五一小长假，钟晓华在姑<sup>gū</sup>姑家开的早餐店帮忙。）

钟晓华：姑，你炸的油条松脆有韧劲，香飘万里，每天早早就被抢光了。

姑姑：油条是咱们中国的传统早点，油条夹在烧饼里，再配上豆浆，那可是绝佳的组合。

钟晓华：油条是怎么来的呢？

姑姑：油条原来叫"油炸桧"，这种传统的早餐小吃还有一段故事呢。据说南宋高宗绍兴十一年（1141），秦桧一伙卖国贼用"莫须有"的罪名杀害了岳飞父子。南宋军民义愤填膺<sup>yīng</sup>。当时在临安风波亭附近有两个卖早点的摊贩<sup>tān fàn</sup>，分别搓捏了秦桧和王氏两个面人，绞在一起放入油锅里炸，就叫"油炸桧"。

钟晓华：这是提醒我们日常饮食都不忘记"精忠报国"啊！

姑姑：我现在就准备炸油条，可以教教你。你看，这就是已经调制成的面团，已经饧了8个小时。是把面粉和黄油、小苏打、油炸王、精盐、色拉油这些辅料一起倒进温水和成的。

钟晓华：原来还要饧8个小时啊！一切美好都值得努力付出和耐心等待。

姑姑：说得太好了！隐藏在辉　煌（huī huáng）成绩背后的巨大付出，往往是不容易被看到的。接下来我们开始搓长条。

钟晓华：很多面食都需要搓成长条呢。

图片1　油条的制作——擀压

图片2　油条的制作——切条

姑姑：晓华，你很善（shàn）于观察啊。接下来把长条压扁，用刀剁成3厘米左右的条，两个条叠在一起，中间用筷子压一下。

图片3　油条的制作——叠压

钟晓华：姑姑，我记得油条不止3厘米长呀。

**图片 4　油条的制作——炸制**

姑姑：对，下油锅炸之前，还要进行加工，先把生坯两头提起，一边 抻<sup>chēn</sup> 一边放进油里，油一定要八成热，炸到金黄色就可以了。

钟晓华：姑姑，为什么我抻不好呢？

姑姑：别心急，刚开始做不好很正常，姑姑也是经过长年累月的练习，才成为行家里手的。

## 场景二　美食街吃早餐

艾力：亚森，早餐想吃什么？

亚森：我们尝尝传统早点，油条配豆浆，越吃味儿越香。

艾力：油条的吃法多着呢，不只配豆浆那么简单。比如，天津流行用煎饼卷油条，制成煎饼馃<sup>guǒ</sup>子。

亚森：煎饼馃子我吃过，里面卷了鸡蛋、薄脆的"馃箅<sup>bì</sup>儿"组成，配上面酱、葱末、腐乳、辣椒酱，原来还可以卷油条啊。煎饼馃子真是包罗万象啊！快说说，油条还有哪些吃法？

艾力：在上海，油条和大饼、豆浆、糍<sup>cí</sup>饭团并称为上海传统早餐的"四大天王"或"四大金刚"。上海人用油条和糯米制成的粢<sup>zī</sup>饭，更是流传到香港。在广东、香港流行用肠粉卷油条制成炸两，淋上酱油食用，也可以随意再加上辣椒酱和甜酱，也有直接拌粥做早餐的吃法。潮汕<sup>cháo shàn</sup>地区的人喜欢把油条放进甜粥等食物中。杭州有一种特色小吃叫"葱包桧"，是用薄饼卷油条和葱段，在平底锅上压扁、烤制而成，吃的时候涂抹上甜面酱或辣椒酱。河南人喜欢用新炸好的油条配上胡辣汤或豆腐脑。在台湾，油条通常夹在烧饼或者切段裹到饭团里，或者搭配杏仁茶、豆浆当早餐吃，有时候也会加到粥里作为配料。

亚森：真没想到，一根简单的油条竟然有这么多吃法，真让我大开眼界啊！

场景一插入微课视频——
油条的制作

## 四、字词解析

1. 专有名词

（1）腐乳：[fǔ rǔ] 又称"豆腐乳"，是中国流传数千年的传统民间美食，因其口感好、营养高，闻起来有股臭味，吃起来特别的香味深受中国老百姓及东南亚地区人民的喜爱，是一道经久不衰的美味佳肴。腐乳通常分为青方、红方、白方三大类。其中，臭豆腐属"青方"。"大块""红辣""玫瑰"等属"红方"。"甜辣""桂花""五香"等属"白方"。

（2）糍饭团：[cí fàn tuán] 香港称为"粢饭"，是江南地区传统特色小吃，将蒸得热腾腾的糯米饭撒上一层白砂糖，再将肉松、芝麻、白糖等均匀地撒上一层，再转裹上酥脆的油条，咬上一口，香甜无比。其主要原料为"上海滩早点四大金刚"中的油条和糍饭团。一般糍饭团分为甜、咸两种口味，在糯米中包着的除了油条外，根据甜或咸加入榨菜、肉松，或芝麻、白糖。糍饭团通常用作早点，与豆浆一同享用。虽然糍饭团源自长江下游的上海，但在南方的香港也非常普及，通常以透明保鲜纸包裹出售。

（3）胡辣汤：[hú là tāng] 是河南早餐中常见的传统汤类名吃，用胡椒、辣椒、草果、牛肉粒、骨汤、粉芡、细粉条、黄花菜、花生、木耳、豆腐皮、千张等制作而成。

（4）潮汕地区：[cháo shàn dì qū]，地处广东省东南沿海，属潮汕文化区和潮语方言区，是潮汕民系的祖籍地与集中地，潮汕文化的发祥地、兴盛地，是通行潮语、流行潮汕文化的地区，包括汕头（经济特区）、潮州、揭阳、汕尾四市。

2. 课文词语

（1）莫须有：[mò xū yǒu] 也许有。形容无中生有，罗织罪名。

（2）摊贩：[tān fàn] 指摆地摊的小贩，自由流动叫卖者，现实社会生活中指与城管搞游击战的无证摊贩。

（3）辉煌：[huī huáng] 光辉灿烂的意思，如灯火～、金碧～、～的成绩。

（4）善于：[shàn yú] 指对某些东西比较了解，做起来比较得心应手。

3. 成语俗语

（1）义愤填膺：[yì fèn tián yīng] 胸中充满义愤。膺：胸。[近义词]愤愤不平。

（2）长年累月：[cháng nián lěi yuè] 形容经历很多年月；很长时期。如一件重大的事情要经过长年累月的努力才能够有成就。

（3）行家里手：[háng jiā lǐ shǒu] 里手：内行人。指精通这种业务的人。

（4）包罗万象：[bāo luó wàn xiàng] 内容丰富，应有尽有：这个博览会的展品真可说是～，美不胜收。

（5）大开眼界：[dà kāi yǎn jiè] 开阔视野，增长见识。

# 五、制作流程图

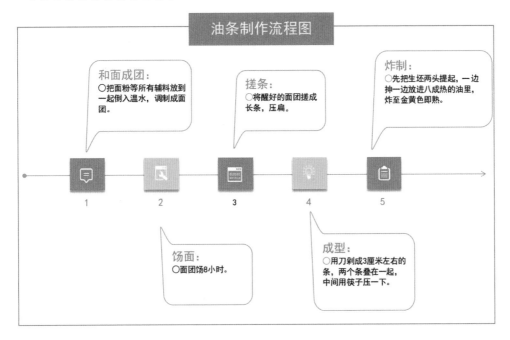

油条制作流程图

**和面成团：**
○把面粉等所有辅料放到一起倒入温水，调制成面团。

**搓条：**
○将醒好的面团搓成长条，压扁。

**炸制：**
○先把生坯两头提起，一边抻一边放进八成热的油里，炸至金黄色即熟。

1　　2　　3　　4　　5

**饧面：**
○面团饧8小时。

**成型：**
○用刀剁成3厘米左右的条，两个条叠在一起，中间用筷子压一下。

# 六、知识链接

## 精忠报国

岳飞（1103—1142），字鹏举，宋相州汤阴县永和乡孝悌里（今河南安阳市汤阴县程岗村）人，中国历史上著名的军事家、战略家，位列南宋中兴四将之首。他于北宋末年投军，从1128年遇宗泽起到1141年为止的十余年间，率领岳家军同金军进行了大小数百次战斗，所向披靡，"位至将相"。1140年，完颜兀术毁盟攻宋，岳飞挥师北伐，先后收复郑州、洛阳等地，又于郾城、颍昌大败金军，进军朱仙镇。宋高宗、秦桧却一意求和，以十二道金牌下令退兵，岳飞在孤立无援之下被迫班师。在宋金议和过程中，岳飞遭受秦桧、张俊等人的诬陷，被捕入狱。1142年1月，岳飞被朝廷以"莫须有"的"谋反"罪名与其长子岳云和部将张宪同杀害。宋孝宗时岳飞冤狱被平反，改葬于西湖畔栖霞岭。

岳飞小时候家里非常穷，母亲用树枝在沙地上教他写字，还鼓励他好好锻炼身体。岳飞勤奋好学，不但知识渊博，还练就了一身好武艺，成为文武双全的人才。

当时，北方的金兵常常攻打中原。母亲鼓励儿子报效国家，并在他背上刺了"精忠报国"四个大字。孝顺的岳飞不敢忘记母亲的教诲，那四个字成为岳飞终生遵奉的信条。每次作战时，岳飞都会想起"精忠报国"四个大字，由于他勇猛善战，取得了很多战役的胜利，立了不少功劳，声名也传遍了大江南北。

岳飞还建立起一支纪律严明、作战英勇的抗金军队——"岳家军"。"岳家军"的士兵都严格遵守纪律，宁可自己忍受饥饿，也不敢打扰人民；晚上，如果借住在民家或客栈，他们天一亮就起来，为主人打扫卫生，清洗餐具后才离去。"岳家军"的士气让金军闻风丧胆。金兵统帅长叹道："撼山易，撼岳家军难！"在一次岳家军与金军的战役中，当岳家军追到距金兵大本营只有四十五里处，眼看就要大功告成，收复江山时，皇帝赵构怕岳飞打败金兵后，接回先皇，而自己的王位就保不了，因此和奸臣秦桧连发十二道金牌，命令岳飞退兵。秦桧还诬告岳飞谋反，将他关入监狱，以"莫须有"的罪名将岳飞毒死。

岳飞死时只有三十九岁。他一生谨记母亲的教诲，即使在死的那一刻，也没有忘记母亲的"精忠报国"四个字。

今天杭州西湖边上的岳王庙里，那一幅"还我河山"，据说就是出自岳飞的手笔。那四个字所表现出来的气势、功底和代表的意思，让人觉得只有岳飞才配得上写它。而那首壮怀激烈的《满江红》词，人们也普遍愿意相信是岳飞所填。八百年后，许多中国青年就是吟唱着这首词，走上抗击倭寇的战场的。直到今天，它仍然会在许多场合，让那些具有正直信念的人热泪盈眶、热血沸腾。

## 满江红·写怀

### 宋 岳飞

怒发冲冠，凭栏处、潇潇雨歇。抬望眼、仰天长啸，壮怀激烈。三十功名尘与土，八千里路云和月。莫等闲、白了少年头，空悲切。

靖康耻，犹未雪。臣子恨，何时灭。驾长车，踏破贺兰山缺。壮志饥餐胡虏肉，笑谈渴饮匈奴血。待从头、收拾旧山河，朝天阙。

## 煎饼馃子

煎饼馃子，是中国天津的著名小吃，天津人以它为早点。它是由绿豆面薄饼、鸡蛋，还有油条或者薄脆的"馃算儿"组成，配以面酱、葱末、腐乳、辣椒酱（可选）作为作料，口感咸香，如今的煎饼馃子原料已经不仅限于绿豆面摊成的薄饼，还有黄豆面、黑豆面等多种选择。但是，天津人依旧坚持着传统的吃法，正宗煎饼馃子中选用的食材只有绿豆面、油条以及葱花及其他作料。馃就是油炸食品，在煎饼（加鸡蛋）里裹上油条（天津称之为"馃子"），所以叫"煎饼馃子"。

煎饼馃子在早上的早点摊、马路边或者社区里才能见到，小摊主要就是制作和出售煎饼馃子的小推车，制作一套只需几分钟的时间。

煎饼馃子是大家在日常生活中非常喜欢的一种小吃。说起煎饼馃子大家就会想起山东或者天津，这两个地方的煎饼馃子不仅美味，而且有着久远的历史，不过哪一个地方的才是正宗的，也是大家都很好奇的事情。关于这个问题，首先，煎饼是产自山东地区的，关于煎饼在山东还有一则历史故事。说是当初诸葛亮刚开始辅佐刘备的时候经常被曹军杀得四散而逃，有一次诸葛亮以及将士被围困在沂河、涑河之间，因为做饭的炊具丢失，诸葛亮便让将士们在铜锣上造出了煎饼。

后来，这种制作煎饼的方法慢慢流传了下来，现如今在山东大部分地区，人们的主食还是煎饼，虽然煎饼起源于山东，但是煎饼馃子起源于天津地区，在天津地区流传着关于这种食物的种种传说，在明朝的时候，天津地区有很多来自各地的商人，有山东来的商人带来了煎饼，也就促使了煎饼馃子在天津产生。而且，天津地区的煎饼馃子已经申请成为非物质文化遗产，这就相当于确定了天津煎饼馃子的正宗地位。

### 胡辣汤

胡辣汤，是河南早餐中常见的传统汤类名吃，被大家喜爱，常作为早餐。用胡椒、辣椒、草果、牛肉粒、骨汤、粉芡、细粉条、黄花菜、花生、木耳、豆腐皮、千张等制作而成。其特点是麻辣鲜香，营养开胃，适合搭配馒头、油条、包子、葱油饼、锅盔、千层饼等面点。

胡辣汤是由多种天然中草药按比例配制的汤料，再加入胡椒和辣椒，又用骨头汤做底料的胡辣汤，特点是汤味浓郁、汤色亮丽、汤汁黏稠，香辣可口，十分适合配着其他早点进餐，已经发展成为河南及陕西等周边省份都喜爱和知晓的小吃之一。

有媒体评论称，各派胡辣汤的味道差异越来越小。此前，不同品牌胡辣汤特征分明：逍遥镇，青色大铝锅盛汤，中药味和辣味较强，肉以牛肉片为主；北舞渡，黄色大铜锅盛汤，汤味较绵润，肉以羊肉块为主。肉片和肉块曾是两种汤的主要区别，现基本相同。

工业化生产成为很多企业的发展方向。西华县逍遥镇党委书记王金辉表示，逍遥人研制开发出方便水冲式胡辣汤、胡辣汤全味粉等八大系列46个品种的汤料，兴建了数十家胡辣汤汤料生产企业，年产值数亿元。

部分胡辣汤经营者开始走高端路线，目标人群是年轻人。特制胡辣汤最高价一碗188元，还可根据客户定价去烧汤。漯河市逍遥镇王忠圈胡辣汤的总店，推出最高价为90元一碗的鱼翅胡辣汤，并开发出了肚丝、雪蛤、鲍鱼、辽参等每碗15元至90元不等的特制汤。更有胡辣汤店推出168～368元一碗的天价汤，从其宣传招牌上看，汤内的"金豆子"主要是海参、松茸、冬虫夏草。

那么，怎么判断胡辣汤是否正宗呢？

闻：就是端起汤先闻一下，有没有浓厚扑鼻的中草药和羊肉汤香味。

看：观察一下碗里的面筋和羊肉比例搭配是否合适，汤的稀稠是否适中，汤的颜色是否通透。

吃：汤汁黏稠、入口顺滑，羊肉、面筋有嚼头，胡辣味恰到好处。

品：喝完汤后，口里余香和中草药的浓郁味道能保持多久（超过10分钟以上为佳品）。

## 七、评价自测

| 评价内容 | 评价标准 | 满分 | 得分 |
|---|---|---|---|
| 词语掌握 | 在制作油条交流的过程中能够熟练运用本课9个常用词语 | 20 | |
| 语法掌握 | 做油条交流时能够熟练运用口语进行表述并且符合逻辑、语法运用合理 | 20 | |
| 调面过程 | 操作流程规范，加水量合理 | 20 | |
| 成型过程 | 切剂、按压熟练，刀工熟练，下锅押面合理 | 20 | |
| 成品特点 | 色泽金黄、蓬松香脆 | 10 | |
| 卫生 | 工作完成后，工位干净整齐、工具清洁干净、摆放入位 | 10 | |
| 合计 | | 100 | |

## 八、课后练习

（一）选择题

1. 以下加点的成语的用法，错误的一项是（    ）。

A. 听到那种无耻的卖国言论，同学们义愤填膺，怒不可遏

B. 由于工作的原因，爸爸长年累月在外奔波

C. 他是烹饪界的行家里手

D. 果园里的果子熟了，沉甸甸地挂满枝头，包罗万象

2. 关于化学蓬松法，描述错误的一项是（    ）。

A. 化学蓬松法就是掺入一定数量的化学蓬松剂，在面团中经加热产生一系列的化学反应，使面团膨胀、松软的方法

B. 化学蓬松法通常用发粉或者矾碱盐

C. 化学蓬松法俗称"调搅法"，利用机械高速调搅实现蓬松目的

D. 化学蓬松面团具有形态饱满、松泡多孔、质感柔软的特点

（二）判断题

1. 制作油条和面时，要将面粉等所有辅料放到一起倒入温水，调制成面团。（    ）

2. 油条生坯的面条厚度控制在 3 厘米。（    ）

（三）制作题

反复练习油条成型的技术。

# 项目十二 担担面的制作

## 一、学习目标

1. 知识目标：能够熟练掌握在担担面制作过程中的词语及常用语。

2. 能力目标：会炒制牛肉肉臊，能调制担担面碗底料，会煮制面条，掌握面点基本操作技能。

3. 素质目标：懂得和谐处理家庭关系，学会感恩父母的养育之情。

## 二、制作准备

1. 设备准备：

炉灶、炒锅、手勺、漏勺。

2. 工具准备：

小碗、筷子。

3. 原料准备：

手擀面300克、牛肉粒300克、宜宾芽菜50克、小葱100克、老姜20克、豌豆尖200克。

## 三、情景对话

### 场景一 炒制肉臊

（米拉的婆婆今天到米拉家来给米拉送新打好的馕，顺便留着住几天。）

婆婆：米拉，我最近新学会了做四川的担担面，你不是喜欢吃面嘛，我给你露一手怎么样？

米拉：妈妈，您真是太心疼我了，正好我来给您打下手，也学学您的手艺。

图片1　担担面炒制肉臊——剁肉

婆婆：咱一家人不说两家话，你到我们家就是我的丫头。米拉你去把 豌 豆 尖 洗洗就行了，等会儿拿水焯一下放到面里。

米拉：好嘞，妈妈，嘿，您买的这豌豆尖可真嫩，这个季节能买到这么嫩的豌豆尖，您挑了不少菜铺子吧？

婆婆：也还好吧，咱们这儿不是离北园春近嘛，新鲜菜买着方便，啥种类各式各样的确实要比我们小县城多多了。

**图片 2　担担面炒制肉臊——调肉臊**

米拉：所以啊妈，就让您经常来，您看房子这么大，马上你小外孙也快出生了，咱们一家其乐融融在一起多好。

婆婆：哈哈，你这小甜嘴最会说了，好呢，下次我回去 收 拾收拾就来住，不走了，你看咱俩说话的工夫这肉臊我都剁好了。

**图片 3　担担面炒制肉臊——加入葱姜水**

米拉：妈妈，这肉臊不用剁成包子、饺子馅那种？要这样大儿吗？

婆婆：对对，细心的丫头，这肉臊啊要剁成这样石榴籽大小的就行了，这样炒出来吃着也有颗粒感，比较香。

zǎn

米拉：明白了，看来妈的手艺都是上千顿饭攒出来的经验啊。

婆婆：呵呵呵，台上一分钟，台下十年功，做啥事都是一样的。

米拉：妈妈，那现在是要开始炒肉臊了吗？

婆婆：对，你看，先开大火，锅热了放油，然后把肉粒倒进去，调至中火，把肉粒炒散。炒个二十秒，倒点儿料酒去腥，再加两勺甜

áo zhì

面酱、酱油、盐，稍微熬制一会儿，到这种出油肉臊香酥即可。

场景一微课视频——
担担面的制作 炒制肉臊

米拉：妈妈，看您做起来好简单，可能我上手就不行了，您太熟练了。

婆婆：哈哈哈，又不是媳妇进门一定就要围着锅台转，你们小两口过日子，你想做啥就做啥，不想做就让安凯尔做，他也会做饭，多让他干干，这个家他才更上心。

**图片4　担担面炒制肉臊——搅匀肉臊**

米拉：嘿嘿，别人都<sub>xiàn mù</sub>羡 慕我有个全天下最好的婆婆。

婆婆：家和万事兴，家里每个人好，咱们家才能越来越好。

### 场景二　调碗底料煮面

（小鱼的妈妈阳了，爸爸在外面出差赶不回来，六年级的小鱼承担起照顾妈妈的任务。）

小鱼：妈妈，您还是在发烧呢，我看您没啥胃 口<sub>wèi kǒu</sub>，我给您做碗担担面咋样？肉臊都是现成的。

妈妈：哎呀，我们家小鱼真是能干，好呢，给我面少点儿汤稍微多点儿，我就想多喝点儿汤。

小鱼：好呢，妈妈您等着就行，好好躺着。

（小鱼开始准备碗料，顺便把水烧上，小鱼边准备边自 言 自 语<sub>zì yán zì yǔ</sub>）

小鱼：妈妈不喜欢吃醋，碗里少放点儿，再来一点儿酱油、鸡精、盐、葱花，红油就不加了，害怕妈妈嗓子疼，再来一勺面汤，面也好了，把面盛进碗里，三勺肉臊，完美，一碗香喷喷的担担面就好了。

（小鱼把面和水果端给妈妈）

小鱼：妈妈，好点儿了没？面好了哦，还有补充VC必不可少的水果都给您切好了。

妈妈：哎呀，我们小鱼真贴心，妈妈是世界上最幸福的妈妈。

小鱼：妈妈，这是我应该的，你养我小，我养你老。

## 四、字词解析

1. 专有名词

（1）担担面：［dàn dàn miàn］四川担担面是四川省的一道传统小吃，属于川菜系。该菜品起源于自贡市，由面粉、红辣椒油、芝麻酱、葱花等材料制作而成。担担面成菜后，面条细薄，卤汁酥香，咸鲜微辣，香气扑鼻，十分入味。此菜在四川广为流传，常作为筵席点心。2013 年，四川担担面入选商务部、中国饭店协会首次评选的"中国十大名面条"。

（2）豌豆尖：[wān dòu jiān] 蔬菜的一种。豌豆的嫩茎叶，也是苗类蔬菜的一种，又被称为"龙须菜""龙须苗"，是以蔬菜豌豆的幼嫩茎叶、嫩梢作为食用的一种绿叶菜。在南方特别是江南地区最受欢迎，扬州人在岁首的餐桌上必摆上一盘豌豆尖，以表岁岁平安之意。

豌豆尖营养丰富，含有多种人体必需的氨基酸。其味清香、质柔嫩、滑润适口，色、香、味俱佳。营养价值高和绿色无公害，而且吃起来清香滑嫩，味道鲜美独特。用来热炒、做汤、涮锅都不失为餐桌上的上乘蔬菜，备受广大消费者的青睐。

（3）肉臊：[ròu sào] 肉臊子，也就是吃面条的时候在面条上浇的卤儿。陕西人一般都说臊子，而不说卤儿。臊子——万能的面酱，也就是臊子。臊子是一种特殊的做法，多用于吃面，香和回味无穷是它一大特色。臊子做法其实不难，就是将肉切丁，加以各种调料、香醋、辣椒等炒制而成的。其实臊子并不只是做面食用，在甘肃很多地方，臊子由于常温下保质期长，于是经常用于炒菜，代替新鲜肉丝、肉末的作用。

（4）北园春：[běi yuán chūn] 北园春市场是由北园春集团投资建设，由乌鲁木齐北园春果业经营管理有限责任公司负责经营管理的集蔬菜、瓜果、肉类、海鲜、副食为一体的农副产品批发市场，是乌鲁木齐市的重点"菜篮子"工程，是农村农业部定点鲜活农产品中心批发市场和商务部定点批发市场。

2. 课文词语

（1）菜铺：[cài pù] 菜店是售卖蔬菜的店铺。菜店是售卖蔬菜水果的小型门面或玻璃柜台，菜店环境整洁干净，购物环境优雅，是未来菜市场发展的趋势。

（2）其乐融融：[qí lè róng róng] 其：代词，其中的；融融：和乐的样子。形容十分欢乐、和睦。

（3）收拾：[shōu shi] 意思是指整顿、整理；整治、惩罚；打击、消灭。语出《东观汉记·淳于恭传》。

（4）攒：[zǎn] 聚拢；集中：攒聚；凑在一块儿 | 攒钱吃饭。

（6）香酥：[xiāng sū] 意思是芳香酥软。

（7）羡慕：[xiàn mù] 看见别人有某种长处、好处或有利条件而希望自己也有。形容因喜爱他人有某种长处、好处或优越条件等而希望自己也能达到。人要将其化作自己的动力去努力，千万不要放任其产生忌妒心，它是让人感受到的是难受的滋味，严重的会产生恨的情感，切记一旦产生忌妒心一定要将其克服才行。

（8）自言自语：[zì yán zì yǔ] 指自己对自己说话。出自元·无名氏《桃花女》。

（9）暖男：[nuǎn nán] 暖男是一个网络流行语，是指那些顾家、爱家，懂得照顾伴侣，爱护家人，能给家人和朋友温暖的阳光男人。

暖男通常细致体贴、能顾家、会做饭，更重要的是，能很好地理解和体恤别人的情感，长相多属干净清秀的类型，打扮舒适得体，不会显得过于浮躁和浮夸。小清新强调外在形象，而同系列的暖男却更强调内在。同时也称"顾家暖男"。

## 五、制作流程图

| 步骤一 | 步骤二 | 步骤三 |
|---|---|---|
| 炒制肉臊 | 调碗底料 | 煮面装碗 |
| 1. 牛肉粒用中小火将肉炒散。<br>2. 加料酒微炒。<br>3. 加甜面酱、盐和酱油，炒至肉末吐油且香酥即可。 | 1. 备好碗底用料。<br>2. 将酱油、芽菜、香醋、鸡精、盐、葱花放于碗内。<br>3. 按个人口味喜好加入适量红油。<br>4. 舀入少量鲜汤调散底料。 | 1. 汤宽水沸下面条，随即用筷子迅速搅散，以免粘连。<br>2. 将面煮至九分熟。<br>3. 面条沥水后，分装在准备好调味的碗里，最后将肉臊放于面上。 |

## 六、知识链接

### 担担面的由来

担担面是四川成都和自贡地区的著名的地方传统小吃，现在是全国知名的美食，在各地的商业街都可以看到担担面的售卖。

川菜作为中国八大菜系之一，闻名世界。除开汤菜，也是有许多小吃非常值得我们关心，如一种极具民俗老百姓生活气息的面——担担面。担担面是四川当地的一种知名传统式小吃，由于初期人们挑着担子走街串巷，因而叫"担担面"。

担担面是将小麦面粉擀做成鲜面条，待煮开后再加上炒肉末而成。它的鲜面条细薄，卤水酥香，咸香特辣，香甜可口，十分进味。这类全方面颜色红亮，鲜面条细嫩，肉臊子质地脆香，调味品以葱段、豆芽菜、动物油为主，略微料汁，美味可口，麻汁香醇，辣太重酸酸的，较为适中，辣而不燥，鲜而不腻，称得上川菜面点中的引领者。

担担面已经覆盖全国，尽管做法分别都有一些不一样，但因为它的美味可口受到全国各地人民的钟爱，已经成为我们生活中的一道家常蒸菜小吃。在2013年获"中国十大名鲜面条"，当之无愧。在四川民俗担担面是一种非常广泛且颇具口味的特色小吃。如今成都市、攀枝花等四川地区的担担面，非常少有再担着出门走街串巷的，绝大多数已经改为店面运营，但依然维持它原来的特点，在其中又以成都市的担担面特点最浓。

担担面的来历说法不一，但大师傅普遍认为，应当始于洪安。缘故比较简单，川菜的三大流派中，川西地区的涿州上河帮、一条小河帮和川东地区的下湖帮分别应用朝天椒的办法都不一样，而在担担面中的朝天椒使用方法恰好是下湖帮的使用方法。担担面中的一样关键的原材料，是达州一带的特色产品，攀枝花、宜宾市用的是豆芽菜，因此证实担担面是来源于洪安达州一带。

担担面中最有名的又要数陈包包的担担面了，它是自贡一位名叫陈包包的小贩于1841年始创的，随后传入成都，因最初是挑着担子沿街叫卖而得名。担担面诞生于小商贩手里，所以售卖的方式最开始就是商贩们挑着担子叫卖。这种担子分为两头：一头放着煤球炉子，煮面的锅就放在上面烧着热水；另一头放着碗筷和洗碗的水桶。商贩们用扁担挑着这些东西，沿街叫卖："担担面，担担面……"因为这种叫卖方式所以有了"担担面"的名字，又因为担担面的美味让这种食物一直流传下来。

### 川菜

川菜发源于我国古代的巴国和蜀国。它经历了从春秋至两晋的雏形期，隋唐到五代的较大发展，两宋出川传至各地，至清末民初形成菜系四个阶段。其后，从辛亥革命到抗日战争，中国烹饪各派交融，使川菜更加丰富。

饮食文化的发展依赖于得天独厚的自然条件。四川自古以来就享有"天府之国"的美誉。境内江河纵横，四季常青，烹饪原料丰富：既有山区的山珍野味，又有江河的鱼虾蟹鳖；既有肥嫩味美的各类禽畜，又有四季不断的各种新鲜蔬菜和笋菌；还有品种繁多、质地优良的酿造调味品和种植调味品，如自贡井盐、内江白糖、阆中保宁醋、德阳酱油、郫县豆瓣、茂汶花椒、永川豆豉、涪陵榨菜、叙府芽菜、南充冬菜、新繁泡菜、成都地区的辣椒等，都为各式川菜的烹饪提供了良好的物质基础。此外，四川的酒和茶，品种质量优异，对四川饮食文化的发展也有一定的促进作用。

饮食文化的发展还依赖于人们的风俗习惯。据史学家考证，古代巴蜀人早就有"尚滋味""好辛香"的饮食习俗。贵族豪门嫁娶良辰、待客会友，无不大摆"厨膳""野宴""猎宴""船宴""游宴"等名目繁多的筵宴。到了清代，民间婚丧寿庆，也普遍筹办"家宴""田席""上马宴""下马宴"等，因而造就了一大批精于烹饪的专门人才，使川菜烹饪技艺世代相传、长盛不衰。

饮食文化的发展不仅依靠其丰富的自然条件和传统习俗，还得益于善于广泛吸收外来经验。无论对宫廷、官府、民族、民间菜肴，还是对教派寺庙的菜肴，它都一概吸收消化，取其精华，充实自己。秦灭巴蜀，"轶徙"入川的显贵富豪，带进了中原的饮食习俗。其后历朝治蜀的外地人，也都把他们的饮食习尚与名馔佳肴带入四川。尤其是在清朝，外籍入川的人更多。这些自外地入川的人，既带进了他们原有的饮食习惯，又逐渐被四川的传统饮食习俗同化。在这种情况下，川菜加速吸收各地之长，实行"南菜川味""北菜川烹"，继承发扬传统，不断改进提高，形成风味独特、具有广泛群众基础的四川菜系。

## 七、评价自测

| 评价内容 | 评价标准 | 满分 | 得分 |
|---|---|---|---|
| 词语掌握 | 在学习做担担面的过程中能够熟练运用本课9个常用词语 | 20 | |
| 语法掌握 | 做担担面时能够熟练运用口语进行表述并且符合逻辑、语法运用合理 | 20 | |
| 炒制肉臊 | 炒制时按步骤操作，掌握调味品的加入量 | 20 | |
| 调味底料 | 注意咸味调味品的使用，鲜汤的料不要放得过多 | 20 | |
| 装盘 | 成品与盛装器皿搭配协调、造型美观 | 10 | |
| 卫生 | 工作完成后，工位干净整齐、工具清洁干净、摆放入位 | 10 | |
| 合计 | | 100 | |

## 八、课后练习

（一）选择题

1. 肉臊的"臊"字读（　　）。

A. shào　　　　　B. sào　　　　　C. zào　　　　　D. sǎo

2. 担担面属于什么菜系（　　）。

A. 粤菜　　　　　B. 川菜　　　　　C. 湘菜　　　　　D. 鲁菜

（二）判断题

1. 肉臊要剁成饺子馅泥状的，炒出来更香。（　　）

2. 担担面的面条煮得越软越好吃。（　　）

（三）制作题

放假回家，姐姐让你露一手展示一下你的学习成果，请你根据制作流程图制作四川名小吃担担面给家人们品尝。

# 项目十三 老婆饼的制作

## 一、学习目标

1. 知识目标：能够熟练掌握在老婆饼开酥制皮制作过程中的词语及常用语。
2. 能力目标：能够按照老婆饼制作流程，在规定时间内完成老婆饼的制作。
3. 素质目标：培养学生关心关爱他人的良好品德，激发学生对中国美食的探索创新和对中国传统文化的热爱。

## 二、制作准备

1. 工具准备：
(1) 设备：操作台、烤箱。
(2) 工具：电子秤、擀面杖、面刮板、烤盘、羊毛刷、美工刀。
2. 原料准备：
(1) 水油面团：面粉300克、油45克、水180克。
(2) 油酥面团：低筋面粉200克、油110克。
(3) 馅心：切碎的冬瓜糖180克、切碎的熟花生100克、熟芝麻30克、熟面粉50克、油60克。

## 三、情景对话

### 场景一 制作馅心

（艾力在宿舍给在广州中医药大学上学的姐姐古丽打电话）

古丽：弟弟，今天我收到你给我寄的馕了，好久没有吃到家乡的美食，闻着味道都让我热泪盈眶，谢谢你，一直惦记着我！

艾力：姐，不用客气，家人之间就应该互相关心。特别要告诉你，这个馕是我自己做的，最近在课堂上学习了做馕，因此我给你露了一手。此外，我还学了制作烤包子、水饺、葱花饼等特色美食呢，等你回来，我一一给你展示。

古丽：你太牛了，现在是名副其实的大厨了，为你骄傲！来而不往非礼也，我明天也买一些这里的特产老婆饼寄给你。

艾力：老婆饼？这个名字好奇怪，好吃吗？

古丽：老婆饼，特别好吃。它是我们广东省潮汕地区的糕点，是粤式糕点。是以切碎的冬瓜糖、切碎的熟花生、熟芝麻、熟面粉拌匀，放入油拌匀，制成馅心，用水油面和油酥面做酥皮制成。据说起源于清朝末期。这次给你寄老婆饼的时候，我问店家要一份制作方法，一同寄给你，以后你就可以自己制作啦。还有最近我正在学习针灸（zhēn jiǔ），暑假回家可以给你大显身手！

艾力：针灸就算了吧，我在电视上看到有人满头扎着针，很可怕，姐姐就不要拿我做实验了。

古丽：你不要对针灸存在恐惧心理，针灸是我国第一批国家级非物质文化遗产，一般是用毫针按照一定的角度刺入患者体内，运用捻转（niǎn zhuǎn）与提插（tí chā）等针刺手法来对人体特定穴（xué）位（wèi）进行刺激，从而达到治疗疾病的目的。你看着电视上的针灸可能有点儿吓人，但其实针灸的针都非常细，扎进穴位是酸疼的感觉，比起西医的打针，做手术等的疼痛感，那是小巫见大巫。上一次我睡觉落枕（lào zhěn），就是去推拿针灸治好的，所以是非常值得信任的！

艾力：好吧，古丽"医生"说的是，我还是因为不了解，才害怕。下次见面你好好教教我中医的知识吧！

## 场景二　包酥制皮

（实训室，艾力正在尝试制作老婆饼）

艾力（自言自语）：真是"纸上得来终觉浅（zhǐ shàng dé lái zhōng jué qiǎn），绝知此事要躬行（jué zhī cǐ shì yào gōng xíng）"呀。拿到姐姐寄的老婆饼"秘方"感觉很简单啊，怎么就是做不好呢？

刘老师（进入实验室）：艾力，这两节课是自习课，你怎么在实验室呀？

艾力：刘老师，上周我姐姐给我寄了一份老婆饼的制作方法，我给她夸下海口，说我一定能学会，所以这会儿正在研究制作呢。

刘老师：艾力，老师非常欣赏你的这种探索精神和挑战精神，怎么样，成功了吗？

艾力：刘老师，真是看起来简单，做起来难呀，您看，我这个馅心不知道怎么回事，就是黏不到一起去；还有老婆饼的饼皮总是鼓起来，不服帖。

刘老师：不要气馁，老师来帮你看看。

（刘老师换好工作服在一旁看艾力制作）

刘老师：艾力，你调制的馅心有点儿问题，冬瓜糖、花生碎明显比较粗，需要更加细腻才能更好地黏在一起。此外，我们把切碎的冬瓜糖、切碎的熟花生、熟芝麻、熟面粉拌均匀后，放入油拌匀，特别注意，油放少了就会太干，太多了就会太黏。

艾力：老师，我明白了，我做的馅心就是油放得有点儿少了，吃起来很干还黏不到一起。

刘老师：对，至于饼皮鼓起来，是包酥制皮的问题。你看我怎么做：首先，把油酥面剂搓圆，将水油面剂压扁后包入油酥面剂，收紧收口，依次全部包完。注意包酥时把空气全部挤出，收紧收口，否则就会有鼓包现象。其次，把包好的面剂放在操作台上按扁，用擀面杖擀成牛舌形，擀皮时用力均匀；接下来把面皮由外向内卷成圆筒形，卷的时候尽量卷紧；紧接着将圆筒形的面剂擀长擀薄，然后由两头向中间折三折，也要注意折整齐、美观。最后，将折好的面剂再次按扁，擀开擀薄，即成最后的酥皮。擀皮时也要注意用力均匀，擀出的皮厚薄一致。各个环节都做到位，才能保证成品完美。

图片　老婆饼的制作——包酥制皮

艾力：我明白了，细节决定成败，每个环节都有要注意的小细节，这样才能做出成功的老婆饼。谢谢老师，我再试一次。

## 四、字词解析

1. 专有名词

（1）美工刀：［měi gōng dāo］也俗称"刻刀"或"壁纸刀"，是一种美术和做手工艺品用的刀，主要用来切割质地较软的东西，多为塑刀柄和刀片两部分组成，为抽拉式结构。也有少数为金属刀柄，刀片多为斜口，用钝可顺片身的划线折断，出现新的刀锋，方便使用。美工刀有大小多种型号。

（2）古丽：［gǔ lì］人名。

（3）潮汕：［cháo shàn］海外和旧时称"潮州"，是一个以潮汕方言为母语的汉族民系，是中国岭南沿海广东、香港、澳门、台湾等地的本地人之一，潮汕民系是广东三大汉族民系之一。

（4）粤：［yuè］广东省简称。

2. 课文词语

（1）惦记：［diàn jì］指心里一直想着的，放不下。

（2）露一手：［lòu yì shǒu］指在某一方面或某件事上显示本领。

（3）针灸：［zhēn jiǔ］中医针法和灸法的总称。针法是用特制的金属针，按一定穴位，刺入患者体内，运用操作手法以达到治病的目的。灸法是把燃烧着的艾绒，温灼穴位的皮肤表面，利用热刺激来治病。针灸是我国医学上的宝贵遗产。

（4）实验：［shí yàn］①指试验的工作。②从事某种活动或进行某种操作来检验某种假设或科学理论。

（5）恐惧：［kǒng jù］（形）心里慌张不安、害怕：～不安。［近］恐怖｜害怕。

（6）遗产：［yí chǎn］（名）①死者留下的财产。②借指历史上遗留下来的精神财富或物质财富：文学～。

（7）患者：［huàn zhě］（名）患有某种疾病的人：糖尿病～。

（8）捻：［niǎn］①用手指搓揉。②用手指搓揉成的条状物。［niē］古同"捏"，用拇指和其他手指夹住。

（9）穴位：［xué wèi］中医指人体上可以进行针灸的部位，多为神经末梢密集或较粗的神经纤维经过之处。

（10）刺激：［cì jī］（动）①某种物体或现象对生物体造成的较强烈的影响、作用。②使人激动；精神上受到打击或挫折。③推动：～消费。

（11）落枕：［lào zhěn］①又名失枕。因睡觉时受寒或枕枕头的姿势不合适，以致脖子疼痛，转动不便。②针灸穴位名。主治落枕、肩酸痛等。

（12）秘方：［mì fāng］（名）不公开而又有显著疗效的药方：祖传～。

（13）挑战：［tiǎo zhàn］（动）①激怒对方出来应战。②向别人提出竞赛。［反］应战。

（14）服帖：［fú tiē］（形）①驯服；顺从：孩子很～。也作伏帖。②妥当；稳妥：事情都弄～了。

（15）气馁：［qì něi］（形）失掉勇气：失败了不要～。［近］泄气｜泄劲。［反］发奋｜发愤。

（16）黏：［nián］像糨糊、胶水等所具有的、能使一个物体附着在另一物体上的性质：～合。～液。

3. 成语俗语

（1）热泪盈眶：［rè lèi yíng kuàng］因感情激动而使眼泪充满了眼眶，形容感动至极或非常悲伤。

（2）来而不往非礼也：［lái ér bù wǎng fēi lǐ yě］出自《礼记》中经典名句，原意是别人施恩惠于己，却没有报答，也不合礼。

（3）大显身手：［dà xiǎn shēn shǒu］显：表现，显露。身手：武艺，指本领。形容充分展示自己的本领。

（4）小巫见大巫：［xiǎo wū jiàn dà wū］巫：旧时替人祈祷求神的人。小巫：指法术低下的巫师。小巫师遇到大巫师，法术就无法施展。比喻两者相比之下，能力才干相距甚远，无法比拟。

（5）纸上得来终觉浅，绝知此事要躬行：［zhǐ shàng dé lái zhōng jué qiǎn，jué zhī cǐ shì yào gōng xíng］出自《冬夜读书示子聿》，作者陆游。意思是从书本上得来的知识，毕竟是不够完善的。如果想要深入理解其中的道理，必须亲自实践才行。

（6）夸下海口：［kuā xià hǎi kǒu］比喻不考虑自己的能力许下自己做不到的承诺。

（7）细节决定成败：［xì jié jué dìng chéng bài］指的是讲究细节能决定事件的走向。

## 五、制作流程图

步骤一：将水油面团、油酥面团和馅心所用原料分别准备好。
步骤二：取一个盆子，放入切碎的冬瓜糖、切碎的熟花生、熟芝麻、熟面粉拌匀，放入油拌匀，即成馅心。

将和好的水油面团和油酥面团搓成粗细均匀的条状。

**制馅 ▶ 和面 ▶ 搓条 ▶ 下剂**

步骤一：先和水油面团，面粉开窝，加入油、水。
步骤二：搅拌成"雪花状"后揉成面团。盖上湿毛巾饧面。
步骤三：和油酥面团，面粉加入油，借助刮板叠擦。
步骤四：将面团叠擦均匀、细腻。

用刮板将两种面团切成大小均匀的剂子。

步骤一：在做好的饼坯表面，用毛刷刷上一层蛋糕液。
步骤二：在刷好蛋黄液的饼坯表面撒上白芝麻。
步骤三：最后送入提前预约好的烤箱中，烘烤至成熟，待温热时装盘即可。

将油酥面剂搓圆，将水油面剂压扁后包入油酥面剂，收紧收口，依次全部包完。

取一张酥皮，包入适量调好的馅心。

**包酥 ▶ 开酥 ▶ 包馅 ▶ 成型 ▶ 烘烤**

步骤一：将包好的面剂置于操作台上按扁，用擀面杖擀成牛舌形。
步骤二：由外向内卷成圆筒形。
步骤三：将圆筒形的面剂擀长擀薄。
步骤四：由两头向中间折三折。
步骤五：将折好的面剂再次按扁，擀开擀薄，即成最后的酥皮。

步骤一：包馅后收紧收口，并将收口朝下，按扁成圆饼状。
步骤二：用美工刀在做好的饼坯表面均匀划三刀，整齐地排入烤盘。

## 六、知识链接

### 老婆饼的历史

相传，元末明初期间，元朝统治者不断地向人民收取各种名目繁杂的赋税，人民负担沉重，全国各地的起义络绎不绝。其中，最具代表性的一支队伍是朱元璋统领的起义军。朱元璋的妻子马氏是个非常聪明的人，在起义初期，战火纷飞，军队东奔西走地打仗，粮食常常不够吃。

为了方便军士携带干粮，马氏想出了用小麦、冬瓜等可以吃的东西和在一起，磨成粉，做成饼，分发给军士的办法。这样不但方便携带，还可以随时随地拿出来吃，极大地方便了行军打仗。后来又有人在这种饼的基础上进一步创新，最后人们发现用糖冬瓜、小麦粉、糕粉、饴糖、芝麻等原料调馅做出的饼非常好吃，甘香可口。这就是老婆饼的始祖了。

### 潮州老婆饼的由来

起源自广东潮州的点心老婆饼，外皮烤成诱人的金黄色，里头一层层的油酥薄如棉纸，一口咬下去碎屑便掉了满地，每一口都是蜜糖般的香甜滋味。关于它的得名，有三种说法。

其一，由于它的皮松馅软，适合上了年纪的老婆婆吃。

其二，潮汕人娶妻必备之礼，妻俗称"老婆"，故名。

其三，相传在广州，有一间创办于清朝末年的老字号茶楼，以各式点心及饼食驰名；某日，茶楼里的一位潮州籍的点心师傅，把店里的各种招牌点心拿回家给老婆吃，想不到老婆吃了之后，竟说："茶楼的点心竟如此平淡无奇，没一样比得上我娘家的点心冬瓜角！"

师傅听了之后心里不服气，就叫他老婆做个"冬瓜角"给他尝尝！老婆就用冬瓜蓉、糖、面粉，做出了焦黄别致的"冬瓜角"；潮州师傅一吃，风味果然清甜可口，连夸老婆能干！

隔日，潮州师傅就将"冬瓜角"带回茶楼请大家品尝，结果茶楼老板吃完后更是赞不绝口，问起点心的出处，师傅们说："是潮州老婆做的！"于是老板就随口说这是"潮州老婆饼"，并且请这位潮州师傅将之改良后在茶楼卖，很受欢迎，"老婆饼"因而得名。

"老婆饼"的绝妙口感，来自里头层层叠叠、薄如棉纸的油酥皮；要做出这份层次感相当费工夫，首先在材料上，要将水油面团与油酥分开处理，将水油面包入油酥，再折起，如此重复两次，利用水与油互不相溶的特性，做出酥松分明的层次感！整个过程中力道要均匀，千万不能将面皮擀破，两种面团和在一起，就会失去层次感！

传统的潮州"老婆饼"包入的是冬瓜蓉，所以也称"冬蓉饼"，传入台湾后，甜馅内改以单纯的糖为主，清甜的香味一样迷人可口。

### 中医

中医诞生于原始社会，春秋战国时期中医理论已基本形成，之后历代均有总结发展。除此之外，对汉字文化圈国家影响深远，如日本医学、韩国韩医学、朝鲜高丽医学、越南东医学等都是以中医为基础发展起来的。

中医承载着中国古代人民同疾病做斗争的经验和理论知识，是在古代朴素的唯物论和自发的辩证法思想指导下，通过长期医疗实践逐步形成并发展成的医学理论体系。

中医学以阴阳五行作为理论基础，将人体看成气、形、神的统一体，通过"望闻问切"四诊合参的方法，探求病因、病性、病位，分析病机及人体内五脏六腑、经络关节、气血津液的变化，判断邪正消长，进而得出病名，归纳出证型，以辨证论治原则，制定"汗、吐、下、和、温、清、补、消"等治法，使用中药、针灸、推拿、按摩、拔罐、气功、食疗等多种治疗手段，使人体达到阴阳调和而康复。

2018年10月1日，世界卫生组织首次将中医纳入其具有全球影响力的医学纲要。

冬夜读书示子聿

南宋  陆游

古人学问无遗力，少壮工夫老始成。

纸上得来终觉浅，绝知此事要躬行。

译文：古人学习知识是不遗余力的，终生为之奋斗，往往是年轻时开始努力，到了老年才取得成功。从书本上得到的知识终归是浅薄的，未能理解知识的真谛，要真正理解书中的深刻道理，必须亲身去实践，方能学有所成。

## 七、评价自测

| 评价内容 | 评价标准 | 满分 | 得分 |
|---|---|---|---|
| 词语掌握 | 在制作老婆饼交流的过程中能够熟练运用本课23个词语、成语 | 20 | |
| 语法掌握 | 能够熟练运用口语进行表述并且符合逻辑、语法运用合理 | 20 | |
| 成型手法 | 包酥时收紧收口；开酥时手法正确；馅心分量恰当，包捏手法正确 | 20 | |
| 成品标准 | 色泽金黄、形态美观、饼皮酥脆化渣、馅心甜而不腻 | 20 | |
| 装盘 | 成品与盛装器皿搭配协调、造型美观 | 10 | |
| 卫生 | 工作完成后，工位干净整齐、工具清洁干净、摆放入位 | 10 | |
| 合计 | | 100 | |

## 八、课后练习

（一）选择题

1. 下列词组拼音全对的一项是（  ）。

A. 惦记［diàn jì］    针灸［zhēn zhì］        B. 细腻［xì lì］    效率［xiào lǜ］

C. 气馁［qì lěi］    尝试［cháng shì］        D. 细致  ［xì zhì］    刺激［cì jī］

2. 他不但热爱学习而且乐于助人，是我们（  ）的好班长。

A. 名副其实        B. 大显身手        C. 夸下海口        D. 热泪盈眶

（二）判断题

1. 老婆饼是广东潮州的一道美食。（  ）

2. 油酥面团可以用来制作黄桥烧饼、广式月饼、千层酥等。（  ）

（三）制作题

你准备和好朋友一起去郊游，每个人需要带一份自己制作的食物。你准备制作最近学会的老婆饼，带给朋友们品尝，请按照制作流程，制作一份五人份的老婆饼。

# 项目十四 萨其马的制作

## 一、学习目标

1. 知识目标：能够熟练掌握在制作萨其马时的词语及常用语，掌握描述景点的词语。
2. 能力目标：能够按照萨其马制作流程，在规定时间内完成萨其马的制作。
3. 素质目标：培养学生食品制作时的安全意识，让学生了解首都北京的景点以及胡同文化。

## 二、制作准备

1. 设备、工具准备：
(1) 设备：面案操作台、炉灶、炒锅、手勺、漏勺。
(2) 工具：刮板、电子秤、走锤、擀面杖、面刮板、打蛋器、菜刀、木方框。
2. 原料准备：

低筋面粉 500 克、臭粉 1 克、泡打粉 10 克、白糖 500 克、水 300 克、麦芽糖 30 克、柠檬酸 5 克、葡萄干 100 克、熟芝麻 100 克、熟核桃仁 100 克。

## 三、情景对话

### 场景一　熬制糖液

（艾力来到李明家做客）

李明：艾力，快请进！妈妈，这是我的铁哥们艾力。

艾力：阿姨，您好！我是艾力，这是给您买的水果。

李明妈妈：谢谢，你太客气啦！快请坐！李明经常和我提起你，说你学习好，又仗<sup>zhàng</sup>义，真是百闻不如一见，又高又帅的小伙子！

李明妈妈：谢谢，你太客气啦！快请坐！李明经常和我提起你，说你学习好，又仗义，真是百闻不如一见，又高又帅的小伙子！

艾力：阿姨，您可别这么夸我啦，说起学习好，李明排第二，没人敢排第一，我还需要继续努力！

李明妈妈：看到你们这么懂事，我们做家长的也很欣慰（xīn wèi）！你们聊，我去给你们做饭。

李明：悄悄告诉你，我妈妈今天要给我们做满族特色小吃萨其马。

艾力：就是在超市卖的那种萨其马吗？阿姨真是深藏不露（shēn cáng bù lù）呀！

— 103 —

李明：是啊，我知道你是一个烹饪迷，今天特地让我妈妈露一手。

艾力：那我赶紧去帮阿姨打下手，观 摩观摩，偷师学艺！

（厨房）

艾力：阿姨，您在炸面条？

李明妈妈：是啊，炸面条可是萨其马制作中的一个难点。首先是不能有水，我们炒锅、漏勺都要保持干燥，不然将油烧热后，很容易溅油烫伤自己；油温只需五成温就行，油温太高不仅会把面条炸焦煳，还很容易引发火灾；炸的时间不能过长，这样才能保证萨其马的酥脆可口。

图片1　萨其马的制作——切丝炸制

艾力：炸面条还有这么多门道，阿姨，那制作萨其马还有其他难点吗？

李明妈妈：熬制糖液难一些，非常讲究火候。我给你示范一下。在炸完面条后，一定要洗锅后重新起锅，先在锅里放适量清水，加白糖，把白糖熬化，这里是小火熬制，然后加入麦芽糖、柠檬酸，调至中小火熬制成糖浆，熬到最后变成浓密的小泡，用筷子夹起来有一点点拉丝，就赶紧将糖液端离火口，把我们刚炸好的面条倒入糖液中拌匀。在熬制糖液的过程中，我们一定要集中精力，仔细观察，注意火候，不然很容易失败。

图片2　萨其马的制作——熬制糖液

艾力：我看着也非常紧张，真害怕糖液煳了。

李明妈妈：眼过千遍，不如手过一遍，我还需要熬制一锅糖浆，这次你来掌勺试试？

艾力：好嘞，没问题！

场景一微课视频——萨其马的制作——切丝炸制、熬制糖液

**场景二　成型**

（客厅里，李明、艾力正在拉家常。）

李明：艾力，你看，这是我们全家在天安门拍的全家福，这是我爸爸、妈妈，这是我，那时我才小学毕业。

艾力：哇，你那会儿看着很可爱嘛，哈哈。你们去了北京哪些地方呀？

李明：你就会调侃（tiáo kǎn）我。我们去了庄严宏伟的天安门，雕梁画栋（diāo liáng huà dòng）、美轮美奂（huàn）的故宫，气势磅礴（qì shì páng bó）的天坛，举世闻名的长城，还去了独出心裁（cái）、别具一格的鸟巢和水立方，还有古色古香的北京胡同儿。

艾力：哪里让你印象最深刻？

李明：它们美得各有千秋，都让人印象深刻。但对于我这个吃货来说，北京胡同儿最让人流连忘返了。

艾力：北京胡同儿这么有魅力？

李明：对呀，北京胡同儿藏着北京的文化底蕴（dǐ yùn）。北京胡同儿的风土人情、人事变迁、奇闻异事就是一部活生生的北京史。上次我们去的就是北京十大胡同之一的南锣鼓巷，以前那里住满了北京的达官显贵（dá guān xiǎn guì），从明朝将军到清代格格，还有文人墨客，里面的每座宅子都有一段历史故事。现在里面藏着最地道的老北京味，如北京烤鸭、炸酱面、卤煮、春饼、乾隆白菜、抄手、糖葫芦、驴打滚、杏仁茶、萨其马……

艾力：南锣鼓巷也有萨其马？

李明：当然啦，这得从萨其马的历史说起。萨其马是满族特色美食，正是因为清朝建立后将萨其马带入了北京，使它成为北京著名京式糕点之一。听说最早将炸面条捞起后，是和芝麻、核桃碎和一种叫狗奶子的野果干以及熬制好的糖液拌匀的，后来没有这种野果了，才用的葡萄干代替。拌匀后倒入木框内，用擀面杖压紧实，切块就是我们常见的萨其马造型了。

艾力：原来如此，说得我都嘴馋了，再吃两块萨其马去。

## 四、字词解析

1. 专有名词

（1）满族：［mǎn zú］中国的少数民族之一，主要分布在辽宁、黑龙江、吉林、河北、北京和内蒙古。

（2）胡同：［hú tòng］（名）巷；小街道。

（3）抄手：［chāo shǒu］一种面食。用面粉做成薄皮，内包肉馅，煮熟后即可食用。也称为"馄饨"。

2. 课文词语

（1）仗义：［zhàng yì］讲求义气；重情义。

（2）欣慰：［xīn wèi］（形）高兴而且感到安慰。［反］惭愧｜羞愧。

（3）特地：［tè dì］（副）表示专为某事：为方便游玩的人休息，公园管理处～在公园内增设了许多长椅。

（4）打下手：[dǎ xià shǒu] 当助手，担任助手。

（5）观摩：[guān mó]（动）观看彼此的成绩，交流经验。

（6）干燥：[gān zào]（形）①没有水分或水分很少：气候～｜土壤～。[近] 干枯。[反] 潮湿。②枯燥，没有趣味：～无味。

（7）溅：[jiàn] 液体受力而向四方飞射。[jiān] ①[溅溅]②拟声词。流水声。③形容水流急速的样子。

（8）烫伤：[tàng shāng] 是由无火焰的高温液体（沸水、热油、钢水）、高温固体（烧热的金属等）或高温蒸气等所致的组织损伤。

（9）焦煳：[jiāo hú] 物体经火变焦变黑。

（10）火候：[huǒ hou]（名）①指烧火的火力大小和时间长短：～正好。②比喻修养程度的深浅：他的书法到～了。③比喻紧要的时机：要抓住～播种。也叫火头、火功。

（11）起锅：[qǐ guō]①把炒煮好的食物从锅里盛起来。②准备炊具上灶。

（12）浓密：[nóng mì]（形）稠密（多指烟雾、须发、树枝等）：～的头发。[近] 稠密｜茂密。[反] 稀疏。

（13）掌勺：[zhǎng sháo] 主持烹调。

（14）拉家常：[lā jiā cháng] 聊天；谈家常事。

（15）调侃：[tiáo kǎn]（动）用言语戏弄。[diào kǎn]（动）同行业的人说行话。

（16）庄严：[zhuāng yán]（形）庄重而严肃：态度～｜～地宣誓。[近] 严肃。

（17）宏伟：[hóng wěi]（形）雄伟而宽大（多指规模、计划等）。[近] 雄伟。[反] 微小。

（18）气势：[qì shì]（名）人或事物表现出来的气派、声势：～雄伟。[近] 气魄。

（19）磅礴：[páng bó]①广大无边的。②充满于……的。

（20）印象：[yìn xiàng]（名）感知过的客观事物在人的头脑里留下的迹象。

（21）魅力：[mèi lì]（名）很能吸引人的力量：富有～。

（22）底蕴：[dǐ yùn]（名）事情的详细内容或内情：不知其中～。

（23）变迁：[biàn qiān]（动）指事物缓慢逐渐变化转移：景物～｜局势～｜时代～。

3. 成语俗语

（1）深藏不露：[shēn cáng bù lù] 隐藏自身的才学、技艺，而不表现出来。

（2）偷师学艺：[tōu shī xué yì] 师傅没有同意收为徒弟进行传授技艺，但某人找一切可能偷偷学习师傅的技艺。

（3）雕梁画栋：[diāo liáng huà dòng] 梁：支撑屋顶的横木。栋：房屋正中的大梁。有雕花、彩绘的梁栋。指富丽堂皇的建筑物。也作"画栋雕梁"。

（4）美轮美奂：[měi lún měi huàn] 轮：高大。奂：众多。形容房屋等建筑高大众多，富丽堂皇。

（5）举世闻名：[jǔ shì wén míng] 全世界都知道。形容非常著名。

（6）独出心裁：[dú chū xīn cái] 想出的办法与众不同。[近] 别出心裁。

（7）别具一格：[bié jù yì gé] 另有一种独特风格。

（8）古色古香：〔gǔ sè gǔ xiāng〕形容带有古代的色彩、情调。

（9）各有千秋：〔gè yǒu qiān qiū〕各有各的道理；各有所长；各有特色。

（10）流连忘返：〔liú lián wàng fǎn〕流连：留恋不止。返：归，回。留恋不止，忘了回去。原本指因迷恋于游乐，而忘了回去。现多指因留恋美好的景物或事物而舍不得离去。

（11）风土人情：〔fēng tǔ rén qíng〕指一个地方特有的自然环境、特产和风俗习惯。

（12）奇闻异事：〔qí wén yì shì〕异：不同；差异。时间不同，事情也和以前不一样。意思是事物随着时间改变而发生变化。也作"时异势殊"。

（13）达官显贵：〔dá guān xiǎn guì〕犹高官尊爵。显贵的官职和爵位。

（14）文人墨客：〔wén rén mò kè〕泛指文人、文士。

## 五、制作流程图

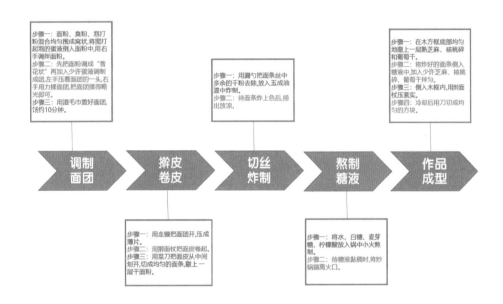

## 六、知识链接

### 满族特色美食——萨其马

清朝作为中国最后一个封建王朝，满族作为从东北白水黑山里走出来的民族，必然有着属于自己本族特色的美食。在中国传统糕点中，也有两种广受欢迎的满族特色的代表——饽饽和萨其马。

所谓"香饽饽"中的饽饽就是来源于清朝，饽饽是满族特色食品，也是现在中国北方平时和节日最喜欢的主食之一。现在的饽饽都是用黏米来制作的，一般分为豆面饽饽、苏叶饽饽和黏糕饽饽等。

至于另外一种美食则是萨其马，是一种色、香、味、形俱佳的传统糕点，深受全国上下人们的喜爱。

所谓"萨其马"其实是满语，最初的意思是"切"和"码"，因为制作这种糕点最后两道工序就是切成方块，然后将其摆放整齐，在满族人眼里，所谓摆就是码的意思，摆放整齐就是码放整齐的意思。其实萨其马也是一种饽饽，它的前身叫作"搓条饽饽"。搓条饽饽之所以变成萨其马，最主要的原因就是搓条饽饽当年在满族大受欢迎，就被清朝定为一种宫廷贡品，所以也称为"打糕穆丹条子"，人们又称其为"糖蓉糕"。

现在的萨其马已经过几百年的改良，口感也越来越酥松绵软、香甜可口，现在也是北京著名京式糕点之一。今天，萨其马已经成为全国上下家喻户晓的休闲点心，深受全国上下人们喜爱。

## 萨其马名字的由来

关于萨其马的由来故事也有不同的说法，主要有以下三个说法：

1. 萨姓将军命名说

相传清代年间，广州有位姓萨的将军，他特别喜欢骑马打猎。每一次打猎归来都要吃点心，而且要求点心每次都不重样。这可难为了军中的厨子，每当萨将军出去打猎时，厨子都要绞尽脑汁、变着法子做不同样的点心。时间长了，厨子身上如同背负千斤重担。

一次，萨将军打猎早早就回到了军营，神情恍惚的厨子一紧张，就不小心将蘸了鸡蛋清的点心炸碎了。点心不成型，且很难看。但这个时候，将军已经在催着上点心了。厨子此时又惊又恨，心里骂道："杀死那个骑马的。"

虽然厨子心里很气恼，但他又想："先过了这关再说。"于是他想："如何把这些不成型的碎点儿，黏在一起让它成型呢？"厨子望了望厨房，当他看到厨房摆放的麦芽糖和蜂蜜时，急中生智，把麦芽糖和蜂蜜倒入锅里，混合后加热，煮成糖浆。然后，把炸碎的点心倒入糖浆中，把粘有糖浆的碎点心放在案板上压成一块大饼，接着，用刀把它切成一个个小块。

当厨子把点心端上去，原以为会被责罚。不料将军吃了赞不绝口，还问这种点心叫什么名字？厨子随口说"杀骑马"。

"杀骑马"因其独特的口感味道，很快成为宫廷贵族的常备点心，并在满族中传播开来，作为满族的特色糕点。随着岁月的流逝，"杀骑马"已经被各族人民喜爱，成为中华知名的传统美食。经过不断的改良创新，"杀骑马"口感味道更佳，同时，也增添了不少花色品种。

在满文中，萨其马是由胡麻及砂糖制成的一种小吃。由于在汉文中要找个词来翻译很困难，于是直接音译为"沙其马"……后来渐渐人们约定俗成，把"沙其马"写成了"萨其马"。

2. 点心老翁命名说

有一位做了几十年点心的老翁，想创作一种新的点心，并且在另一种甜点蛋散中得到了灵感，起初并没有为这道点心命名，便迫不及待地拿上了市场卖。可是因为下雨，老翁便到了大宅门口避雨。不料那户人家的主人骑着马回来，并把老翁放在地上盛点心的箩筐踢到路中心去，全部报销了。后来老翁再做一次同样的点心去卖，结果大受欢迎，有人问这个点心的名字，他就回答说是"杀骑马"，后来人们逐渐将名字雅化成"萨其马"。

3. 努尔哈赤命名说

以上两种说法都是民间传说，比较有根据的说法是：努尔哈赤远征时，看到一名叫萨其马的将军带着妻子给他做的点心，那种点心味道好，而且能长时间不变质，适合带去行军打仗，努尔哈赤品尝后大加赞赏，给它命名萨其马。

北京胡同

有人称北京的古都文化为"胡同文化"或"四合院文化"。

来到北京的游客，经常问到的一个问题就是"北京的胡同在哪里"。北京胡同最早起源于元代，最多时有 6000 多条，历史最早的是朝阳门内大街和东四之间的一片胡同，规划相当整齐，胡同与胡同之间的距离大致相同。南北走向的一般为街，相对较宽，如从北京火车站到朝阳门内大街的南小街和北小街，因过去以走马车为主，所以也叫马路。东西走向的一般为胡同，相对较窄，以行人为主。胡同两边一般都是四合院。

北京的胡同有上千条，形成于中国历史上的元朝、明朝、清朝三个朝代，其中的大多数形成于 13 世纪的元朝。胡同的走向多为正东正西，宽度一般不过 9 米。胡同两旁的建筑大多都是四合院。四合院是一种由东西南北四座房屋以四四方方的对称形式围在一起的建筑物。大大小小的四合院一座紧挨一座排列起来，它们之间的通道就是胡同。

胡同从外表上看模样都差不多，但其内在特色却各不相同，它们不仅是城市的脉搏，更是北京普通老百姓生活的场所。北京人对胡同有着特殊感情，它们是百姓们出入家门的通道，更是一座座民俗风情博物馆，烙下了许多社会生活的印记。胡同一般距离闹市很近，但没有车水马龙的喧闹，可谓闹中取静。而且对于邻里关系的融洽，胡同在其中发挥了有效的作用。

## 七、评价自测

| 评价内容 | 评价标准 | 满分 | 得分 |
|---|---|---|---|
| 词语掌握 | 在制作萨其马交流的过程中能够熟练运用本课常用 37 个词语 | 20 | |
| 语法掌握 | 能够熟练运用口语进行表述并且符合逻辑、语法运用合理 | 20 | |
| 炸制面条 | 炸制出的面条，颜色金黄，未出现外焦内生、面条炸煳等情况 | 20 | |
| 熬制糖液 | 火候控制得当，未出现煳锅返沙等情况 | 20 | |
| 成品标准 | 成品色泽金黄、形态美观、大小均匀、绵甜酥软、香酥适口 | 10 | |
| 卫生 | 工作完成后，工位干净整齐、工具清洁干净、摆放入位 | 10 | |
| 合计 | | 100 | |

## 八、课后练习

（一）选择题

1. 下列词语读音完全正确的一项是（　　）

A. 掌勺［zhǎng shuó］　　别具一格［bié jù yī gé］

B. 观摩［guān mō］　　生坯［shēng pī］

C. 美誉［měi yù］　　流连忘返［liú lián wàng fǎn］

D. 效率［xiào lù］　　火候［huǒ hòu］

2. 我向外张望，只见长满绿树的群山上卧着一条灰色的巨龙，这就是（　　）的万里长城。

A. 古色古香　　　　　B. 赞不绝口　　　　　C. 雕梁画栋　　　　　D. 举世闻名

（二）判断题

1. "萨其马"是具有回族独特风味的点心。（　　）

2. 制作萨其马调制面团时，蛋液要一次加足。（　　）

3. 制作出的萨其马粘牙的原因是糖液过多。（　　）

（三）制作题

今天你的好朋友要来你家做客，请你按照制作流程图做一份萨其马招待你的好朋友吧！

# 项目十五 洋葱馕的制作

## 一、学习目标

1. 知识目标：能够熟练掌握（zhǎng wò）在洋葱馕制作过程中的词语及常用语。

2. 能力目标：能够按照洋葱馕制作流程在规定时间内完成洋葱馕的制作。

3. 素质目标：培养学生的卫生习惯和行业规范，以及在美食制作过程中的匠心（jiàng xīn）精神。

## 二、制作准备

1. 设备准备：

额定功率为 15 千瓦的电馕坑、和面机、醒发箱。

2. 工具准备：

（1）案台、馕面板、台秤（tái chèng）、馕戳（náng chuō）、馕枕、馕钩、馕铲（náng chǎn）、滚轴式擀面杖（gǔn zhóu shì gǎn miàn zhàng）等。

（2）切面刀、刮板、方盘、电子秤、水桶、盆、手动打蛋器、不锈钢碗、毛刷。

3. 原料准备：

（1）主料：高筋小麦粉 25 千克、水（30℃）10 千克、调和油 1 千克、牛乳 2 千克。

（2）配料：鸡蛋 320 克（5 个）、白砂糖 300 克、食盐 380 克、酵母粉 120 克、刷液和蘸料（zhàn liào）：水 1 千克、食盐 30 克、洋葱碎 5 千克、孜然粒 150 克。

## 三、情景对话

### 场景一　和面（huó miàn）

（今天是古尔邦节，烹饪（pēng rèn）班的刘老师教自己的学生阿布拉做洋葱馕。）

刘老师：阿布拉，老师问你，今天是什么日子？

阿布拉：老师您这可难不住我，昨天晚上就有好多祝福信息飘进我手机里了，今天是古尔邦节！

刘老师：可以啊小伙子，很厉害嘛，对传统节气风俗了解得很清楚啊，你们在家过节的时候家里都要准备很多好吃的吧？

阿布拉：当然啦，老师！要准备一大桌子好吃的，想想我都要流口水了。

刘老师：不错不错，今天老师就是要来教你们制作一种食物，你来猜一猜是什么？这种食物平时也吃，逢年过节也少不了的，是什么呢？我再给你一点提示，它是用面粉制作而成的，种类高达 300 种呢！

阿布拉：老师，我想一下啊，是不是馕？

刘老师：厉害啊！马上就猜中了！今天我来教你做洋葱馕。

阿布拉：老师，咱们先准备要做洋葱馕的原料吧？需要我做些什么您告诉我，我来准备！刚好可以熟悉一下做洋葱馕的流程和步骤。

刘老师：我们需要用到额定功率为 15 千瓦的电馕坑、和面机、醒发箱、案台、馕面板、台秤、馕戳、馕枕、馕钩、馕铲、滚轴式擀面杖、切面刀、刮板、方盘、电子秤、水桶、盆、手动打蛋器、不锈钢碗、毛刷、高筋小麦粉 25 千克、水（30℃）10 千克、调和油 1 千克、牛乳 2 千克、鸡蛋 320 克（5 个）、白砂糖 300 克、食盐 380 克、酵母粉 120 克。

阿布拉：好的，老师，原来我都没有关注过，从小吃到大的馕竟然需要做那么多准备工作，在我心里感觉简单得很呢，把面和上，面发酵好之后整形一下就可以进馕坑烤制了。

刘老师：现在知道了吧？没有那么简单的，不过我相信你好好学习烤馕的制作方法，很快就会熟能生巧的。

阿布拉：老师，我明白了，接下来咱们赶紧开始制作吧！

刘老师：好的，看你急不可耐的样子，但是你要知道，心急吃不上热豆腐，不要太着急，要有耐心，现在咱们先和面吧！和面前先将配料预处理：先把 120 克酵母粉和 300 克白砂糖各用 0.5 千克 30℃的温水配置成酵母溶液、白砂糖溶液，将 380 克食盐用 1 千克 30℃的温水配置成食盐水；将 5 个鸡蛋用手动打蛋器打成均匀的蛋液备用。然后是面团的调制：将 25 千克小麦粉倒入和面机，加入配制好的酵母溶液、白砂糖溶液、蛋液和 7.5 千克 30℃的温水、2 千克牛乳；开启和面机搅拌 3 分钟，加入食盐水，搅拌 2 分钟后加入调和油，最后加入 0.5 千克 30℃度的温水调整面团软硬度，搅拌到面筋完全扩展为止。搅拌成熟的面团表面细腻有光泽，软硬适中，具有良好的延伸性。

阿布拉：老师，如果一次用不了那么多面，和面的时候按照比例增减所有的配料重量就可以了吧？

刘老师：不错哦，阿布拉，你还挺能举一反三的！面和好后就开始发酵，将面团覆盖保鲜膜送入温度为 28～30℃的醒发箱中，发酵约 45 分钟至面团涨发至原体积的 2 倍。

发酵好后的面团将进行搓 条<sup>cuō tiáo</sup>、下剂<sup>xià jì</sup>、称重、揉圆这几个步骤，现在我给你演示一下这几个步骤，首先，咱们从醒发箱取出发酵面团，稍加搓揉后将面团搓成长条，用刀切剂或挖剂成每个 360 克左右的面剂，称重校 准<sup>jiào zhǔn</sup>，用双手滚揉面剂，排出面剂内的气体，整形成半球形馒头状面坯。

然后进行中间醒发，将面坯放入方盘中，盖上保鲜膜，进行中间醒发，在室温下醒发 30～45 分钟，或放入醒发箱中在 30℃下醒发 30 分钟左右，当面坯涨发至原体积 1.5 倍时，即醒发完成。

阿布拉：知道了老师，原来烤馕有那么多说 道<sup>shuō dao</sup>，真不是一件简单的事儿，在我的认知里，真的觉得烤馕特别特别简单，看似简单，中间的步骤真的很多也挺复杂呢。

刘老师：是啊，中间醒好后我们就可以开 馕<sup>kāi náng</sup>了，首先，先用手将面坯按成直径为 18～20 厘米的饼状，用擀面杖将其擀成中间薄平、边缘稍厚的初始馕生坯；左手四指扣住初始馕生坯的外边缘，拇指向右伸直压在初始馕生坯的内边缘，右手采用与左手对称的操作手法，左手不动，右手向右上方拉动，同时右手拇指将馕生坯边 缘<sup>biān yuán</sup>挑起，拉动到一定距离后，右手再迅速滑动到左手旁，左手手势不变，进行第二次拉动，如此拉扯操作一周；将生坯放在右手上，右手做圆周运动，馕生坯随之转动；调圆后将生坯放在面板上，用手掌按压馕心较厚部分调整其平整度，保持馕生坯直径为 25～27 厘米；在馕生坯中间用馕戳均匀扎眼。

阿布拉：老师，看您这些操作，把我看得都饿了，咱们赶紧开始制作吧，赶紧让这些生坯进馕坑吧！

## 场景二　烤制洋葱馕

（今天是暑假第三天，在和田县的罕 艾 日 克 乡<sup>hǎn ài rì kè xiāng</sup>里，17 岁的艾则孜正和爸爸在学习打馕）

艾则孜：爸爸，这洋葱馕怎么打啊？我有点担心，要是粘不到馕坑的内壁掉下来咋办？

爸爸：别担心，万事开头难，慢慢熟 练<sup>shú liàn</sup>就好了，爸爸也是在你这么大就开始学习制作馕的。你看，我们把面已经准备好了，现在就需要进行整形和烤制就可以了，首先是馕坑的准备，先进行馕坑的内部清洗，要断开电 源<sup>diàn yuán</sup>，待温度下降后，将馕坑底部的残 渣<sup>cán zhā</sup>清扫出来；打开电源，加热馕坑至 330～350℃，当馕坑不再冒烟时关闭电源；将安全罩盖在加热棒上，向馕坑内壁炙 热<sup>zhì rè</sup>的钢板抛洒凉水，也可用有一定压力的喷<sup>pēn</sup>枪<sup>qiāng</sup> 间断性喷水清洗，切勿连续喷水；当清洗到钢板呈铁黑色时，说明已经清洗干净了；取出安全罩，打开电源，调节温度至 150℃，烘干水分后关闭电源。其次是抛洒饱 和 盐 水<sup>bǎo hé yán shuǐ</sup>，在馕坑清洗后，打开

场景二微课视频——洋葱馕的制作

电源，调节馕坑控制温度为 280～300℃；温度达到要求后，关闭电源，将安全罩盖在加热棒上；用手接饱和盐水，用力抛洒到炙热的钢板上，水分迅速蒸发，钢板上出现均匀的、薄薄的一层盐结<ruby>晶<rt>jié jīng</rt></ruby>；如此在馕坑内壁一周洒盐水，检查盐结晶是否均匀、在漏洒或结晶稀少的地方进行补洒；取出安全罩，打开电源调节温度至烤制温度。

**图片 1　馕的制作——馕坑内壁洒水**

　　艾则孜：爸爸，以前我一直不清楚往馕坑内壁洒食盐水是个什么原理，今天我终于清楚了！

　　爸爸：对咯，放松点别紧张，烤馕而已，你只是还不习惯，习惯了以后会好的，刚开始你慢慢操作，我来手把手地教你好了。

　　艾则孜：爸爸您看我这洒盐水的手势对吗？

　　爸爸：对的，很好，你刚开始学习，每次手上的食盐水可以少取一点，咱们少量多次肯定可以成功，等到你熟练了以后，就很容易控制盐水的量了。

　　艾则孜：爸爸是这样吗？

　　爸爸：对的，很不错啊孩子！现在咱们开始烤制前的刷液准备，在碗中倒入 1 千克水，加入 30 克食盐搅匀。蘸料准备洋葱碎 5 千克，加入 150 克孜然粒，搅拌均匀，放置 1 小时以上，挤干水分备用，这个步骤你可以提前准备，这样节约时间。在馕生坯正面均匀蘸满洋葱碎；将馕生坯带洋葱碎的一面扣在馕枕上，将其直径整形到 28～30 厘米，在背面均匀刷盐水；当馕坑温度达到 220℃时，右手紧握馕枕上的"T"形手柄，斜托着馕枕伸入馕坑将左手手掌撑在馕坑上，身体前倾，观察<ruby>适宜<rt>shì yí</rt></ruby>的贴馕部位，头部避开馕坑口以免烫伤面部，右手稍加使力将馕生坯贴在馕坑内壁，未贴实的部位用馕枕再次<ruby>按压<rt>àn yā</rt></ruby>一下，贴馕生坯的顺序是先下后上，交错排列；烤制中需保持坑温为 200～220℃，烤制时间约为 6 分钟。烤制定型后及时将馕铲下，放至馕坑底部烤至上色，约 30 秒后，用馕钩将馕取出。

**图片 2　馕的制作——用馕钩取馕**

艾则孜：爸爸，我还不太敢，我有点儿怕烫，您再给我示范一次好吗？

爸爸：别着急，来跟爸爸学，我手把手教你，手出馕坑的速度快一点就不会那么烫了。

艾则孜：好的，爸爸，那我这样是不是太慢了？

爸爸：做事跟做人一样，不要先没学走就先想跑，咱们先从基础学起，万 丈 高 楼 (wàn zhàng gāo lóu) 平 地 起 (píng dì qǐ)，熟 能 生 巧 (shú néng shēng qiǎo)。看清楚馕坯底部全部都贴向馕坑内壁后再进行下一个馕的烤制，千万不能急，要 有 条 不 紊 地 (yǒu tiáo bù wěn) 进行。

艾则孜：爸爸我这个馕怎么掉下去了？

爸爸：你看，你没有把馕坯底部全部粘紧就把馕枕取出馕坑了，所以就掉了啊。

艾则孜：真的哎，怎么办呢？爸爸，我还是没有学会……

爸爸：没关系，你再回 忆 (huí yì) 一下我刚才怎么操作的，还有我给你说过的要 领 (yào lǐng)，再试一次吧，孩子！

艾则孜：好的，爸爸，您看，我成功了，这个没有掉耶，我好想赶紧尝一下是什么味道！

爸爸：别急别急，烤熟之后还需要冷却和包装，馕出坑时温度很高，应及时在表面刷熟油。不要将馕相互码放，应将其置于冷却架自然冷却。当馕温度冷却至室温后才可以进行包装，常用的包装材料有纸袋和塑料袋两种。

## 四、字词解析

1. 专有名词

(1) 馕戳：[náng chuō] 是馕加工制作的特有工具，用于在馕坯上戳孔，在馕烤制中起到排气作用，避免馕鼓泡、涨裂；同时，利用馕戳在馕表面印制各种花纹，对馕起到美化和装饰的作用。

(2) 馕枕：[náng zhěn] 是将馕贴于馕坑壁上必不可少的专用工具。馕枕有手套馕枕和手柄馕枕。传统手套馕枕不常用，一般用于薄皮馕、玉米馕的制作；普遍用的手柄馕枕为手工制作，内部填充棉花、海绵等软质弹性材料，外面大多用纯棉布包裹，背面一般用木板制作，并制有方便抓握的"T"形手柄。

(3) 馕钩：[náng gōu] 和馕铲配合将馕从馕坑中钩出来的工具，馕钩材质一般为铁质，长度为 80～130 厘米。

(4) 馕铲：[náng chǎn] 和馕钩配合将馕品从馕坑壁铲下的工具，馕铲材质一般为铁质，长度为 80～130 厘米。

(5) 滚轴式擀面杖：一般为中间粗、两端细的实木滚轴擀面杖，也称"滚轴式擀面杖"，用一根滚轴式擀面杖就可以做出多种类型的馕。

(6) 扩展：[kuò zhǎn](动) 向外伸展；扩大：～对外贸易｜友谊与合作将日益加强和～。[近] 扩大。

(7) 延伸性：[yán shēn xìng] 是物质的一种机械性质，表示材料在受力而产生破裂

（fracture）之前，其塑性变形的能力。

（8）比例：[bǐ lì] 汉语词语，意思是数量之间的关系。

（9）发酵：[fā jiào]（动）复杂的有机化合物在微生物的作用下分解成比较简单的物质：～粉｜～工程。

（10）搓条：[cuō tiáo] 是将揉制好的面团搓成长条（剂条）的过程。

（11）下剂：[xià jì] 下剂是将搓条后的面团分成一定分量的面剂，面剂要求大小均匀、重量一致。下剂的方法主要有揪剂、挖剂、拉剂、切剂、剁剂等，其中揪剂、挖剂应用较多。

（12）校准：[jiào zhǔn] 在规定条件下，为确定计量器具示值误差的一组操作。是在规定条件下，为确定计量仪器或测量系统的示值，或实物量具或标准物质所代表的值，与相对应的被测量的已知值之间关系的一组操作。校准结果可用以评定计量仪器、测量系统或实物量具的示值误差，或给任何标尺上的标记赋值。

（13）开馕：[kāi náng] 是指通过一定手工技法对馕的面坯进行最终成型和定型的操作，市售形态各异的馕形态均是在这一阶段操作完成的，直接影响着成品馕的形态和质量。常用的开馕操作技法有扯边开馕法、无边开馕法、擀皮开馕法、按皮开馕法、窝眼式开馕法和花式开馕法等。

（14）喷枪：[pēn qiāng] 是利用液体或压缩空气迅速释放作为动力的一种设备。喷枪分为普压式和加压式两种。喷枪还有压力式喷枪、卡乐式喷枪、自动回收式喷枪。

（15）饱和盐水：[bǎo hé yán shuǐ] 是指在一定的水溶液中，加入食盐，让食盐溶解，当加入的食盐足够多时，无法再继续溶解食盐，此时水溶液为饱和食盐水。

（16）结晶：[jié jīng]（动）物质从液态或气态形成晶体。②（名）晶体。③（名）比喻珍贵的成果：劳动的～｜心血的～。

（17）按压：[àn yā] 该词组的基本词义表示压制、控制的意思。

2. 课文词语

（1）逢年过节：[féng nián guò jié] 在新年之际或在其他节日里。

（2）额定功率：[é dìng gōng lù] 机械设备所能达到的最大输出功率。

（3）覆盖：[fù gài]（动）掩盖：地面～一层落叶。[近] 遮盖｜掩盖。②（名）指地表有保护土壤作用的植物：保护地面～，防止水土流失。

（4）说道：[shuō dao] 意思是讲说引导。

（5）熟练：[shú liàn] 意思指对技术精通而有经验；熟知并做来顺手。出自唐柳宗元《非国语上·问战》。

（6）电源：[diàn yuán] 是将其他形式的能转换成电能的装置。电源自"磁生电"原理，由水力、风力、海潮、水坝水压差、太阳能等可再生能源，及烧煤炭、油渣等产生电力来源。常见的电源是干电池（直流电）与家用的 110～220 伏交流电源。

（7）残渣：[cán zhā] 是一个汉语词语，基本意思是在过滤时沉淀在过滤介质上的固体。

（8）炙热：[zhì rè] 是一个汉语词语，意思是像火烤一样的热，形容极热，也可形容心情澎湃。

（9）适宜：[shì yí] 合适；相宜。

（10）回忆：[huí yì] 指想过去的事回忆对比；回想；反省；运用或拥有记忆力。

（11）要领：［yào lǐng］释义为要点，关键；主要内容；关键部位。

## 五、制作流程图

先把120克酵母粉和300克白砂糖各用0.5千克30℃的温水配制成酵母溶液、白砂糖溶液，将380千克食盐用1千克30℃的温水配制成食盐水；将5个鸡蛋用手动打蛋器打成均匀的蛋液备用。

将面团覆盖保鲜膜送入温度为28~30℃的醒发箱中，发酵约45分钟直至面团涨发至原体积的2倍。

将面坯放入方盘中，盖上保鲜膜，进行中间醒发，在室温下醒发30~45分钟，或放入醒发箱中在30度下醒发30分钟左右，当面坯涨发至原体积1.5倍时，即醒发完成。

**配料及预处理** → **面团调制** → **发酵** → **揉圆** → **中间醒发**

将25千克小麦粉倒入和面机，加入配制好的酵母溶液、白砂糖溶液、蛋液和7.5千克30℃的温水、2千克牛乳；开启和面机搅拌3分钟，加入食盐水，搅拌2分钟后加入调和油，最后加入0.5千克30℃的温水调整面团软硬度，搅拌到面筋完全扩展为止。搅拌成熟的面团表面细腻有光泽，软硬适中，具有良好的延伸性。

从醒发箱中取出发酵面团，稍加揉搓后将面团搓成长条，用刀切割剂或揪剂成每个360克左右的面剂，称重校准，用双手滚揉面剂，排出剂内的气体，整形成半球形馒头状面坯。

首先是馕坑的准备，其一先进行馕坑的内部清洗，首先要断开电源，待温度下降后，将馕坑底部的残渣清扫出来；打开电源，加热馕坑至330~350℃，当馕坑不再冒烟时关闭电源；将安全罩盖在加热棒上，向馕坑内壁抛炙热的钢板抛洒凉水，也可用有一定压力的喷枪间断性喷水清洗，切勿连续喷水；当清洗到钢板呈铁黑色时，说明已经清洗干净；取出安全罩，打开电源，调节温度至150℃，烘干水分后关闭电源。其二是抛洒饱和盐水，在馕坑清洗后，打开电源，调节馕坑控制温度为280~300℃；温度达到要求后，关闭电源，将安全罩盖在加热棒上；用手接饱和盐水，用力抛洒到炙热的钢板上，水分迅速蒸发，钢板上出现均匀的、薄薄的一层盐结晶；如此在馕坑内壁一周洒盐水，检查盐结晶是否均匀、在漏洒或结晶稀少的地方进行补洒；取出安全罩，打开电源调节温度至烤制温度。
烤制前的刷液准备，在碗中倒入1千克水，加入30克食盐搅匀。颜料准备洋葱碎5克，加入150克芨芨籽，搅拌均匀，放置1小时以上，挤干水分备用，这个步骤你可以提前准备，节省这节的时间。在馕生坯正面均匀蘸满洋葱碎：将馕生坯带洋葱碎的一面扣在馕坑上，将其直径整形到28~30厘米；在背面均匀刷盐水；当馕坑温度达到220℃时，右手握馕坑上的"T"形手柄，斜托着馕坯伸入馕坑，将左手掌撑在馕坑上，身体前倾，观察适宜的贴馕部位，头部遮挡馕坑口以免烫伤面颊，右手稍加助力将馕生坯贴在馕坑内壁，未贴实的部位用馕钎再次按压一下，贴馕生坯的顺序是先下后上，交错排列；烤制中需保持坑温为200~220℃，烤制时间约为6分钟，烤制定型后及时将馕炉下，放至馕坑底部烤到上色，约30秒后，用馕钩将馕取出。

**开馕** → **整形、烤制** → **冷却与包装**

用手将面坯按成直径为18~20厘米的饼状，用擀面杖将其擀成中间薄平、边缘稍厚的初始馕生坯；左手四指扣住初始馕生坯的外边缘，拇指向右伸直压在初始馕生坯的内边缘，右手采用与左手对称的操作手法，左手不动，右手向右上方拉动，同时右手拇指将馕生坯边缘挑起，拉动到一定距离后，右手再迅速滑动到左手旁，左手手势不变，进行第二次拉动，如此拉坯操作一周；将生坯放在右手上右手做圆周运动，馕生坯随之转动；调圆后将生坯放在面板上，用手掌按压馕心较厚部分调整其平整度，保持馕生坯直径为25~27厘米；在馕生坯中间用馕戳均匀扎眼。

馕出坑时温度很高，应及时在表面刷熟油。不要将馕相互叠放，应将其置于冷却架自然冷却。当馕温度冷却至室温后可以进行包装，常用的包装材料有纸袋和塑料袋两种。

## 六、知识链接

**馕**

"民以食为天",随着社会的进步和物质生活水平的提高,人们开始从"吃饱"向"吃好"转变,认为不仅要吃得饱,还要吃出健康,吃出特色。因此,一些能够代表民族情怀和饮食文化的特色食品重新焕发出新的活力。

馕作为新疆各民族饮食结构中最重要的食物之一,其功用已远远超出了口腹之需,成为当地居民生活中最重要的一部分。"宁可三日无肉,不可一日无馕""无馕不待客"等充分反映了馕与新疆各族人的日常生活息息相关。

馕产业是新疆特色餐饮的美食名片。馕是新疆饮食文化中最具民俗符号的食品,不仅是新疆人不可或缺的传统美食,也深受内地人们喜爱。随着馕产品开发力度的不断加强,馕的质量和营养都较以前有了很大提高。据统计,目前新疆馕的品种有 300 种以上,有传统的窝窝馕、白馕、油馕,也有核桃馕、玫瑰花馕等特色馕,产品销往全国各地。

长期以来,新疆馕主要以手工和作坊生产为主,近年来逐步进入规模化生产,特别是2018 年新疆维吾尔自治区提出大力发展馕产业的重要部署以来,新疆馕产业发展进入新的时期。馕制作不再是一门简单的技艺,而是已经发展成为可以指导生产实践的一门课程。

## 七、评价自测

| 评价内容 | 评价标准 | 满分 | 得分 |
|---|---|---|---|
| 词语掌握 | 在制作洋葱馕交流的过程中能够熟练运用本课 11 个常用词语 | 20 | |
| 语法掌握 | 制作洋葱馕时能够熟练运用口语进行表述并且符合逻辑、语法运用合理 | 20 | |
| 成型手法 | 制作洋葱馕成型过程中的手法正确 | 20 | |
| 成品标准 | 色泽金黄,造型规整均匀,味美可口 | 20 | |
| 装盘 | 成品摆放协调、造型美观 | 10 | |
| 卫生 | 工作完成后,工位干净整齐、工具清洁干净、摆放入位 | 10 | |
| 合计 | | 100 | |

## 八、课后练习

(一)选择题

1. 面坯进入中间醒发的时间是,放入醒发箱中在30℃下醒发(　　)左右。

A. 15 分钟　　　　　B. 25 分钟　　　　　C. 30 分钟　　　　　D. 45 分钟

2. 开馕的时候需要用手将面坯按成直径为(　　)的饼状

A. 12～15 厘米　　　B. 18～20 厘米　　　C. 22～25 厘米　　　D. 28～30 厘米

（二）判断题

1. 制作洋葱馕的面粉可以选用高筋面粉，也可以选用中筋面粉。（　　）

2. 制作洋葱馕的工艺流程为配料及预处理、面团调制、发酵、搓条、称重、揉圆、开馕、整形、烤制、包装。（　　）

（三）制作题

今天是爸爸的生日，请你按照制作流程图为爸爸的生日宴制作一些洋葱馕作为大家的主食吧！

# 项目十六 烤包子的制作

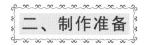

## 一、学习目标

1. 知识目标：能够熟练掌握在新疆烤包子制作过程中的词语及常用语。
2. 能力目标：能够按照新疆烤包子制作流程在规定时间内完成烤包子的制作。
3. 素质目标：培养学生的食品生产安全意识，以及对中华传统节日、食品的热爱之情。

## 二、制作准备

1. 工具、设备准备：
(1) 工具：滚轴式擀面杖、切面刀、案板、刮板、电子秤、馕钩、馕铲、大号笊篱、水桶、盆、打蛋器、不锈钢碗、毛刷。
(2) 设备：馕坑。
2. 原料准备：
(1) 皮料：面粉 5 千克、冷水 2000 克、鸡蛋 10 个、盐 50 克、菜籽油 200 克。
(2) 馅料：羊肉 3500 克、羊尾油 1500 克、洋葱 5000 克、鸡蛋 20 个。
(3) 调料：盐 40 克、黄豆酱油 100 毫升、孜然 50 克、白糖 20 克、黑胡椒粉（hú jiāo fěn）50 克、小茴香 10 克、菜籽油 500 克。
(4) 油酥：面粉 200 克、菜籽油 80 克、黄油 30 克。

## 三、情景对话

### 场景一　和面、调馅儿

（今天是古尔邦节，烹饪班的艾则孜老师教自己的学生做新疆烤包子。）

艾则孜老师：亚森江，今天是古尔邦节，老师教你们一款新疆传统美食——烤包子，通过动手参与制作和品尝美食，一起欢度节日。

亚森江：太好了，古尔邦节，又叫"忠孝节"，感谢老师一直对我们的关心和照顾。

艾则孜老师：真不错啊，小伙子！对咱们的中华民族的传统节日了解得很清楚啊，那老师再问问你，知道烤包子的由来吗？

亚森江：老师，这我可就不太清楚了，您给我们讲讲吧！

艾则孜老师：很久以前牧民外出放牧，大多只带馕、面粉等，吃饭时为了简单，就把羊肉剁碎，再加上洋葱和盐，拌匀，用和好的面包住肉，而后放在柴火烧完后的炭灰里烤熟，虽说香味浓郁，可是不好下口，亚森江，你说为什么？

亚森江：老师，可能沾在外表的炭灰太多了吧。

艾则孜老师：亚森江说得不错，后来牧民们找来平整的大石片，将大石片架在柴火上面烤热，再把包子贴在石片上，这样烤包子外表就没有炭灰了。再后来，这种烤包子技术带到他们的居住地，逐渐演变为用馕坑烤制了。

亚森江：老师，咱们的先民太有智慧了！

艾则孜老师：那可不，正是这种勤劳和智慧，让中华民族在中华大地上一代代繁衍生息，并把美食传承至今。

亚森江：老师您说得让我们都迫不及待地想要尝试制作了！

艾则孜老师：好的，我先来教你和面，先把5000克的面粉放入盆中，中间挖一凹坑，再准备一千克冷水，将10个打匀的鸡蛋倒进来，搅匀后倒入面粉凹坑中，迅速用两手将面粉搅拌成雪花状。

**图片1 烤包子的制作——和面**

亚森江：老师，搅拌后既有雪花面还有干面粉，接着要怎么做？

艾则孜老师：不要急，再准备一千克冷水，将50克盐放入水中，待盐粒化开倒入面粉中，搅拌均匀后将菜籽油倒入面中，揉搓成面团，这个过程叫"和面"。然后将面团拿到案台上通过揉、捣、搋、摔等手法对面团进行调制，揉到一定程度后，醒面20分钟，揉面、醒面总共要三次，这叫"三揉三醒"。

亚森江：老师，和面、揉面过程好麻烦啊，这样做是为什么呢？

艾则孜老师：好的开头是成功的一半。咱们这样做是为了能够生成更多的面筋，保证生坯在烤制过程中膨胀而不断裂。

亚森江：这里面有这么多门道啊！我们一定要好好学习理论知识。

艾则孜老师：是啊，学好了理论知识才会学得更快，走得更远。将和好的面，分成50克左右一个的剂子，擀成包子皮就可以做传统的烤包子了。老师再给你们教一款酥皮烤包子的酥皮面的和法。

**图片 2　烤包子的制作——擀皮**

亚森江：老师，这个烤包子我们早就想学了，上次吃了一次，现在还没有忘记那种美妙的口感呢。

艾则孜老师：好啊，亚森江，首先咱们先做油酥将温度为 150℃ 的 80 克菜籽油倒入 200 克面粉中，边倒边搅拌，然后再加入黄油 30 克，搅拌均匀油酥就做好了。紧接着拿一个刚才制作好的面剂子，擀开，抹上油酥，包成包子状，稍醒一下，擀成包子皮，再叠成被子状，擀成长方形面皮就可以了。

亚森江：老师，现在就把皮擀出来吗？

艾则孜老师：稍等一会儿，再把面醒一醒，馅做好后边擀边包。现在老师教你做馅儿。做馅儿要用到刀具，大家一定要注意安全。我们把羊肉、羊尾油洗净后，切成 0.4 厘米左右的肉粒，记住千万不要剁。

亚森江：老师，将肉切成粒状，做出的烤包子口感（kǒu gǎn）要更好些吗？

艾则孜老师：是的，你回答得不错！现在你把肉馅放到盆中，放入 300 克水，盐 40 克、黄豆酱油 100 毫升、孜然 50 克、白糖 20 克、黑胡椒粉（hú jiāo fěn）50 克、小茴香 10 克、鸡蛋 20 个，用手搅打上劲儿（shàng jìn er），有胶状（jiāo zhuàng）感并且有一定的黏性（nián xìng）就可以了，用 250 克植物油将肉馅儿拌匀，这样可以锁住肉粒中的水分，烤熟后肉不会发柴。亚森江，你先将肉馅儿放到冰箱冷藏起来。

**图片 3　烤包子的制作——制馅**

亚森江：好的，老师，现在我们要切洋葱吗？

艾则孜老师：是的，5000 克洋葱也要切成丁，再用 50 克盐将洋葱丁腌渍一下，挤出水分，加入 250 克菜籽油、20 克盐把洋葱拌匀，再将拌好的洋葱与肉馅儿搅拌均匀，放在冰箱冷藏就可以了。

亚森江：好的，老师，这个比较简单，一会儿就可以做完。

场景二　烤制

亚森江：老师，我已经学会了和面和调馅，接下来我们要学什么？

艾则孜老师：前面两个项目你做得不错，下面学习生坯的制作和烤制。

亚森江：谢谢老师的夸奖，我会继续努力的。

艾则孜老师：首先学习生坯制作，烤包子生坯制作有5个操作流程：搓条、分剂、揉圆、擀皮和包制。这五种制作方法你们都学过吗？

亚森江：老师，在面点技术课我们都学过。

艾则孜老师：亚森江，这五种方法中有两种和你们学的不太一样，你们先完成前三种工艺制作，将每个剂子分成为50克，揉圆，然后再教后两种工艺操作。

亚森江：老师，我们做完了，您检查一下。

艾则孜老师：好的，做得不错，个别的还不够好，还要继续努力呀。

亚森江：老师，您放心，我们会努力的。

艾则孜老师：现在学习擀皮，首先认识一下擀面杖，我们用的是实木滚轴擀面杖，中间部分是圆柱体实木，两端各有一个把手。下面我示范一下，先往案板上撒些面粉，拿一个揉圆的面剂放在面粉上，用手掌将面剂按扁，撒点面粉两手拿着擀面杖把手进行擀皮，当往前擀时左手用力稍重，右手稍轻；往回擀时右手用力稍重，左手稍轻，滚轴擀面杖就会产生一个顺时针的力，面剂会顺时针转动一下，如此往复，面剂就会在滚轴擀面杖作用下自动旋转起来，面剂逐渐被擀薄，擀到直径15厘米左右就可以了，这个就是传统烤包子的面皮。

亚森江：老师，这个操作方法有点儿难啊，在擀皮中不停转换左右手用力，恐怕我们学不会啊！

艾则孜老师：万事开头难，只要掌握了要领，再难也能学会，你们擀皮时记住这个口诀：往前擀时默念"左左右"，擀时控制你左手力量要大一些，往回擀默念"右右左"，擀时控制你右手力量要大一些，来，试一下。

亚森江：老师，您这个办法真好，就是速度比较慢。

艾则孜老师：熟能生巧，等你熟练了就好了。现在老师把酥皮包子皮的制作方法也教给你们，首先将揉圆的面剂，擀成直径10厘米的包子皮，在中间抹上一层油酥，然后包成包子，醒10分钟，擀成包子皮，再叠成被子状，再擀成长15厘米、宽13厘米的长方形面皮就可以了。酥皮烤包子皮就制成了。

亚森江：老师，我们明白了，传统烤包子的皮是圆形的，酥皮烤包子的皮是长方形的，它们怎么才能包成烤包子生坯呢？

艾则孜老师：烤包子外形基本就两种：一种圆形，一种长方形。我们主要学习长方形烤包子的做法。传统烤包子和酥皮烤包子包法都是一样的，先将肉馅放在面皮中央，在面皮的边缘刷上蛋液，把上边面皮折过来盖在肉馅上，面皮边缘处刷上蛋液，再把下边面皮折过来，盖在刷蛋液面皮处，左右两边刷上蛋液折叠过来黏合紧密即可，这种包法叫"叠被子"法，做法比较简单，便于大家学习。

亚森江：老师，做的方法我们都学会了，下一步我们怎么做呢？

艾则孜老师：我们把面分成两部分：一半包传统烤包子，一半包酥皮烤包子。同学们也分成两拨：一部分同学擀皮，一部分同学包制。同学们一定要注意，烤包子生坯包好后一定要用保鲜膜盖住，皮被吹干烤制时就易断裂。大家干起来吧！

亚森江：老师，两种包子都包好了，您教我们烤制吧。

艾则孜老师：好的，同学们，刚才你们在包包子的时候，老师已经将馕坑开关打开了，大家看一下馕坑温度是多少？

亚森江：老师，320℃啊，温度太高了，烤不成吧？

艾则孜老师：亚森江的说法很对。这一步是要清洗馕坑。操作之前，大家一定要按操作规程进行，注意安全，避免烫伤，首先加热馕坑至330～350℃，关闭电源。再将安全罩盖在加热棒上，向馕坑内壁炙热的钢板抛洒凉水；也可用一定压力的喷枪间断性喷水清洗，切勿连续喷水。当清洗到钢板呈铁黑色时，说明已经清洗干净。再打开电源，大家看一下温度有多少？

亚森江：老师，260℃啊，现在可以烤了吗？

艾则孜老师：同学们，现在还不行，第二步我们要抛洒饱和盐水，首先打开电源，调节馕坑温度到280～300℃。温度达到280～300℃后，关闭电源，将安全罩盖在加热棒上。用手接饱和盐水，用力抛洒到炙热的钢板上，水分迅速蒸发，钢板上出现一层结晶盐，如此在馕坑内壁上抛洒一周盐水，检查是否均匀，在漏洒或结晶稀少的地方再进行补洒。

亚森江：老师，为什么要抛洒饱和盐水，而不能直接贴在钢板上？

艾则孜老师：同学们，生坯直接贴在钢板上它的底部烤黄结壳后就容易从钢板上掉下来，而它内部还没有成熟，直接成了次品。有了盐生坯就会结合得更紧密。大家明白了吗？

亚森江：老师，明白了。

艾则孜老师：同学们，饱和盐水洒好后可以贴烤包子生坯了。讲一下要领，首先打开电源调节温度至200～220℃。然后关闭电源，左手手掌撑在馕坑上，身体前倾，观察适宜贴生坯部位，头部避开馕坑口以免烫伤面部，右手迅速将生坯沾上盐水，稍加用力将生坯贴向馕坑内壁，未贴实的部位用手按压一下。贴生坯的要求：先下后上，交错排列，前后左右间隔2厘米。同学们两人一组，开始贴烤包子生坯。

亚森江：老师，全部贴完了。

艾则孜老师：好的，同学们，现在你们沿馕坑壁一周洒入60℃以上的热水，用厚湿布盖住馕坑口，再用盖子压住湿布，开始焖烤。

亚森江：老师，为什么要洒水？为什么要焖烤？焖烤多长时间？

艾则孜老师：同学们，焖烤是为了让肉馅烤熟。焖烤的传热介质是水蒸气，刚才大家注意没有，加热棒是关闭的，是洒入热水产生的蒸汽和钢板散发热量，维持馕坑里的温度，焖烤时间约8分钟。

亚森江：老师，知道了，焖烤时间到了，下面该怎么做？

艾则孜老师：先去掉盖子和湿布，取出安全罩，再打开电源开关，控制馕坑温度130℃左右，半焖半烤25分钟左右，再升温150℃烤至上色。同学们注意安全，仔细观察，烤至金黄色可先行铲入大笊篱取出。

场景二插入微课视频——
烤包子的制作

**图片4　烤包子的制作——用大笊篱取出烤包子**

亚森江：老师，包子烤好了，包子皮脆肉香，太好吃了。这个节日过得真有意义。

## 四、字词解析

1. 专有名词

（1）烤包子：〔kǎo bāo zi〕主要是在馕坑中烤制。包子皮用死面擀薄，四边折合成长方形。包入羊肉丁、洋葱、孜然粉等原料做成的馅，馕坑中烤熟。

（2）面筋：〔miàn jīn〕是植物性蛋白质，由麦醇溶蛋白和麦谷蛋白组成。将面粉加入适量水、少许食盐，搅匀上劲，形成面团，稍后用清水反复搓洗，把面团中的淀粉和其他杂质全部洗掉，剩下的即面筋。

（3）油酥：〔yóu sū〕用面和油脂调制而成的面团或糊。

（4）酥皮：〔sū pí〕以水、面为皮，油酥为心，经包酥复合叠、擀后，两种面团形成有层次间隔的坯皮。

（5）生坯：〔shēng pī〕是指将剂子按照不同糕点品种的工艺要求制作成一定规格形状而未加热成熟的半制成品。

（6）安全罩：〔ān quán zhào〕用于遮盖加热棒的罩子。

（7）焖烤：〔mèn kǎo〕加盖烤制。

2. 课文词语

（1）品尝：〔pǐn cháng〕尝试并仔细地辨别。

（2）忠孝：〔zhōng xiào〕意思是指受忠于君国，孝于父母。

（3）风俗：〔fēng sú〕指长期相沿积久而成的风尚、习俗。

（4）浓郁：〔nóng yù〕香气、色彩、气氛等浓厚。

（5）智慧：〔zhì huì〕迅速地正确认识、判断和发明、创造事物的能力。

（6）膨胀：〔péng zhàng〕物体的体积或长度增大。

（7）冷藏：〔lěng cáng〕是冷却后的食品在冷藏温度（常在冰点以上）下保藏食品的一种保藏方法。

（8）腌渍：〔yān zì〕是指用食盐、糖等腌渍材料处理食品原料，使其渗入食品组织内，以提高其渗透压，降低其水分活度，并有选择性地抑制微生物的活动，促进有益微生物的活动，从而防止食品的腐败、改善食品食用品质的加工方法。腌制是食品保藏的主要方法之一，同时也是一种加工方法。

（9）抛洒：[pāo sǎ] 用力抛开。

（10）传承：[chuán chéng] 泛指对某某学问、技艺、教义等，在师徒间的传授和继承的过程。

（11）要领：[yào lǐng] 释义为要点，关键；主要内容；关键部位。

（12）结晶：[jié jīng] 物质从液态（溶液或熔融状态）或气态形成晶体。

3. 成语俗语

（1）繁衍生息：[fán yǎn shēng xī] 逐渐增多。

（2）皮脆肉香：[pí cuì ròu xiāng] 外表焦脆，里面肉质清香。

# 五、制作流程图

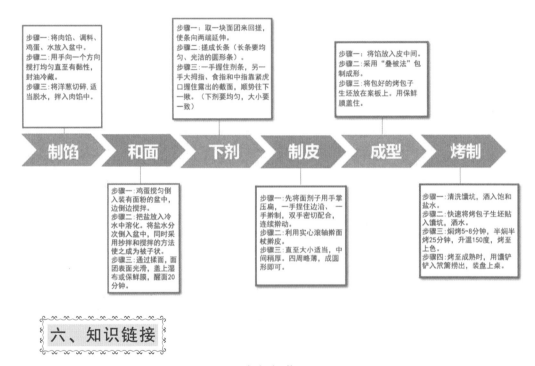

# 六、知识链接

## 古尔邦节

古尔邦节是我国回族、维吾尔族、哈萨克族、乌孜别克族、塔吉克族、塔塔尔族、柯尔克孜族、撒拉族、东乡族、保安族等少数民族共同的节日。

节前，家家户户要打扫卫生，制作各种糕点、炸油馓子、烤馕，做新衣裳，为节日做好准备。节日当天煮肉做饭，施舍穷人，招待来宾。青年男女有说有笑，载歌载舞，开展各种庆祝活动，节日期间洋溢着欢乐的气氛。在新疆的哈萨克、柯尔克孜、塔吉克、乌孜别克等民族，节日期间还举行叼羊、赛马、摔跤等比赛活动。

## 七、评价自测

| 评价内容 | 评价标准 | 满分 | 得分 |
|---|---|---|---|
| 词语掌握 | 在制作烤包子交流的过程中能够熟练运用本课 14 个常用词语 | 20 | |
| 语法掌握 | 能够熟练运用口语进行表述并且符合逻辑、语法运用合理 | 20 | |
| 成型手法 | 包子成型的手法正确 | 20 | |
| 成品标准 | 色泽洁白，造型规整均匀，包子皮酥脆，馅心鲜嫩，味美可口 | 20 | |
| 装盘 | 成品与盛装器皿搭配协调、造型美观 | 10 | |
| 卫生 | 工作完成后，工位干净整齐、工具清洁干净、摆放入位 | 10 | |
| 合计 | | 100 | |

## 八、课后练习

（一）选择题

1. "酥皮"的正确读音是（　　）。

A. shū pí　　　　B. shū pì　　　　C. sū pí　　　　D. sū pì

2. 烤制过程中采用焖烤方法，目的是（　　）。

A. 使馅心成熟　　B. 使包子皮成熟　　C. 使馅心变酥　　D. 使包子皮变软

（二）判断题

1. 和烤包子面要硬一点。（　　）

2. 包包子时，皮可以不捏那么紧，漏了也不要紧。（　　）

（三）制作题

自己动手制作一次烤包子分享给老师、同学或是家长，请他们品尝后并给出意见和建议。

# 项目十七 油塔子的制作

## 一、学习目标

1. 知识目标：能够熟练掌握师生调研交流和油塔子制作过程中的词语及常用语。

2. 能力目标：能够在规定时间内按照油塔子制作流程完成其制作。

3. 素质目标：培养学生的卫生习惯和行业规范，以及在美食制作过程中的匠心精神，让学生了解新疆昌吉旅游文化，回民风俗习惯，懂得热爱和珍惜各族人民的劳动成果。

## 二、制作准备

1. 设备、工具准备：

（1）设备：案台、案板、炉灶、台秤、蒸 锅（zhēng guō）/笼 屉（lóng tì）。

（2）工具：擀面杖、小勺、小面板、切面刀、大碗、面盆、餐盘、锅铲、保鲜膜、油刷、笊篱。模（mó）

2. 原料准备

（1）面粉 500 克、小苏打 2 克、酵 母粉（jiào mǔ）3 克、温水（30℃）300 毫升、盐 4 克、花 椒粉（huā jiāo）2 克。

（2）植物油 200 克、羊油 200 克（油也可以用黄油、牛油，但是使用羊油做出来的味道会更正宗更香）。羊油：植物油＝1∶1（加入等量的食用油防止羊油冷却凝固）。

## 三、情景对话

### 场景一 成型

（昌吉旅游文化节即将来临，烹饪班的刘老师带着学生来到昌吉回民小吃街的马氏雨明火烧油塔子店做调 研（diào yán）。）

刘老师：阿力木，上周老师就通知大家，从周一开始我们将开展为期一周的调研活动。再过两天就是昌吉旅游文化节了，知道咱们今天去哪儿吗？

阿力木：老师，难道是要去昌吉吗？我现在心 潮 澎 湃（xīn cháo péng pài）啊！我来咱们学校上学已经一年了，早就听老师和同学们说过昌吉有个回民小吃街，好想去品尝一下那里的特色美食。

刘老师：是的，去昌吉市，这可真是千载难逢（qiān zǎi nán féng）的好机会呢！咱们现在就出发。

（在学校的大班车上。）

刘老师：阿力木，你喜欢旅游吗？

阿力木：当然了，老师，我特别喜欢，而且我喜欢把我旅游时看到的人物、美景全部用照片或视频的方式记录下来，我也喜欢品尝美食，我的爱好是做好吃的，这就是为什么我选择了烹饪专业的原因。

刘老师：那你了解昌吉吗？如果了解，给大家介绍一下昌吉回族自治州有哪些旅游（lǚ yóu）胜地（shèng dì）吧！

阿力木：虽然我之前没有去过昌吉，但是通过互联网（hù lián wǎng）大概（dà gài）了解了一些，比如：我比较喜欢刷抖音或是"小红书"看关于旅游和美食的视频。昌吉州最有名的景区有天山天池风景区、江布拉克草原、五彩湾、肯斯瓦特水库（kěn sī wǎ tè shuǐ kù）、车师古道、古尔班通古特沙漠、吉（jí）木萨尔千佛洞（mù sà ěr）、木垒胡杨林、奇台魔鬼城等。

刘老师：真不错啊小伙子！看来是做了不少功课的，给你点赞。

（小吃街）

刘老师：同学们，咱们已经到达目的地——回民小吃街。瞧瞧，人山人海（rén shān rén hǎi）的，大家一定要跟紧调研队伍，注意安全，保管（bǎo guǎn）好自己的贵重物品。

刘老师：同学们，昌吉市素有美食之都的美誉（měi yù），而回民小吃街更是荟萃（huì cuì）了众多回民特色新疆美食。你们都知道有哪些美食吗？

阿力木：老师，当然知道了，我们是做过攻略（gōng lüè）的，昌吉回民小吃街集中了传统特色回民的小吃，九碗三行子（jiǔ wǎn sān háng zi）、油糕（yóu gāo）、油香、油塔子、麻叶子、米肠子、面肺子、椒麻鸡、大盘鸡系列、丸子汤、粉汤、加沙等汇聚一堂（huì jù yì táng），其中回民馓子（sǎn zi）2007年荣获上海大世界吉尼斯（jí ní sī）之最。

刘老师：不错不错，这里有名的欧麦尔餐厅的九碗三行子、榆树沟丸子汤、老朋友椒麻鸡、马氏羊羔肉、马旦子烧烤等店每天都保持着较高的翻台率（fān tái lǜ）。马氏雨明火烧油塔子是这条街上最著名的油糕店，瞧，人们热火朝天（rè huǒ cháo tiān）地排着队。今天咱们主要调研马氏雨明火烧油塔子店，我先提个问题，大家来抢答。为什么这个面点取名叫"油塔子"？

场景一微课视频——油塔子的成型

阿力木：老师，我来答！哈哈，顾名思义（gù míng sī yì），它的形状像塔一样，做出来的油塔子油而不腻呗，哈哈，我答的对吗？

刘老师：没错。咱们一起去看看到底为什么马氏油塔子卖得那么火爆！

刘老师：阿力木，你说说，这是为什么？

阿力木：老师，肯定是马氏油塔子最正宗呗，大家看，马师傅正在制作油塔子 生<sup>shēng</sup>坯呢！<sup>pī</sup>

刘老师：同学们，最后成型的步骤是关键<sup>guān jiàn</sup>所在，现在仔细观察马师傅制作油塔子生坯的手法<sup>shǒu fǎ</sup>。

刘老师：同学们，制作生坯的步骤，首先拿一个剂子，用手微微按扁，再用擀面杖将它擀成长方形的薄片。

**图片1 油塔子生坯的制作——擀皮**

阿力木：老师，为什么要擀成薄片呢？有什么讲究<sup>jiǎng jiu</sup>吗？

刘老师：同学们，擀得越薄做出来的层次就越多，但一定不要擀破，不然后面就不好成型了。

刘老师：擀薄后，往面皮的表层抹上一层调制好的油料。用油刷或手将油均匀地刷或涂抹<sup>tú mǒ</sup>在面片上，边缘<sup>biān yuán</sup>厚的地方可以用手按压整理一下。然后将它从一头卷起，边卷边拉伸<sup>lā shēn</sup>，把面皮拉长后再卷，卷好之后就把面卷放一边。

**图片2 油塔子生坯制作——卷皮**

阿力木：老师，这样就算生坯做好了吗？

刘老师：当然不是，还有最重要的一个环节。全部卷完之后，拿起最先卷好的第一个面卷，把它的一头放在掌心或虎口（hǔ kǒu）处，一边旋转一边用拇指按压叠在一起，这样一个油塔子的生坯就做好了。

**图片 3　油塔子生坯制作——成型**

阿力木：老师，原来如此，我得赶紧把要领（yào lǐng）记录下来，回学校后认真练习，做出美味的油塔子让您尝尝我的手艺（shǒu yì）。

刘老师：好的，我特别期待（qī dài）看到你的作品。

## 场景二　制作油料

（暑假来临，烹饪班班主任张老师到李明家家访）

李明妈妈：刘老师，您好，欢迎到我家来，您快请进。

张老师：李明妈妈，您好！您在做什么呢？真香呀！

李明妈妈：刘老师，这不是因为李明最爱吃我做的油塔子嘛，只有他放假了我才能做给他吃，我正在炼制羊油做准备工作呢。天这么热，您还专程（zhuān chéng）来家访（jiā fǎng），作为家长我十分感动，真是辛苦您了！

张老师：没什么，这是我的工作。正值（zhèng zhí）暑假才有时间，平时只能和您电话联系，让您了解孩子在学校的学习和生活情况。这不放假了，我也想和您面对面聊聊，也想了解一下李明在家的表现。

李明妈妈：刘老师，我家李明最近在学校表现怎么样？

张老师：这个孩子，尊敬师长、热爱集体、关心同学、乐于助人（lè yú zhù rén），性格开朗，做事踏实，待人诚恳（chéng kěn），就是有点儿贪玩，数学课成绩不太理想，但特别喜欢专业课，专业课成绩很不错，肯定也是受您的影响。正好，我也想请教您，您觉得油塔子做得好不好吃，有什么诀窍（jué qiào）吗？

李明妈妈：谢谢刘老师对李明这么高的评价。说到做油塔子的诀窍，以我多年的经验，我认为炼制羊油很重要，油塔子做出来香不香、腻不腻、都跟这个油有直接关系。

张老师：噢，那您能给我讲讲吗？

李明妈妈：没问题，先要把买来的500克羊油切成小块，再把羊油块放进锅中，开小火熬制，边熬制边用锅铲按压羊油，等羊油整体呈金黄色偏暗，用笊篱捞出油渣，把羊油倒入碗中凉凉。

张老师：这样就算大功告成 <sup>dà gōng gào chéng</sup> 了。

李明妈妈：步骤还没完，要把等量 <sup>děng liàng</sup> 的羊油和植物油混合均匀，再往里面加入2克的花椒粉和2克盐，搅拌均匀。最后把搅拌均匀后的油放置一边，最后把它涂抹在擀好的薄面片上。

张老师：那为什么要和植物油混合在一起呢？

李明妈妈：这样是为了防止炼制好的羊油凝固 <sup>níng gù</sup> 。

张老师：哦，原来是这样。那又为什么放花椒粉呢？

李明妈妈：可以根据自己的口味，放不同的东西，如炼好的油渣碎、香豆子粉，都可以。这样蒸出来的油塔子会更香，才是地道 <sup>dì dao</sup> 的油塔子。

张老师：那我明白了，等我回家也试着做一做。

## 四、字词解析

1. 专有名词

（1）蒸锅：[zhēng guō] 用于蒸制食品的锅。

（2）笼屉：[lóng tì] 蒸煮食物的器具。也称为"蒸笼"。

（3）擀面杖：[gǎn miàn zhàng] 一种两端装有手柄或圆头，木制或塑料制的圆柱体、用于擀、碾面团的木棒。

（4）酵母粉：[jiào mǔ fěn] 发酵粉的一种。

（5）花椒粉：[huā jiāo fěn] 花椒粉是一种用花椒制成的香料。花椒粉有浓厚的香味，是一种较为常用的中餐调味料。花椒味麻且辣，炒熟后香味才逸出。在烹调上既能单独使用，如花椒面，也能与其他原料配制成调味品，用途极广，效果甚好，如五香面、花椒盐、葱椒盐等。

（6）植物油：[zhí wù yóu] 榨取植物的种子、果实或其他部分所获得的油。可供食用或当作工业原料，如花生油、豆油、椰子油、橄榄油、桐油等。

（7）互联网：[hù lián wǎng]（名）指由若干电子计算机网络相互连接而成的网络。

（8）九碗三行子：[jiǔ wǎn sān háng zi] 是指宴席上的菜全部用九只大小一样的碗来盛，并要把九只碗摆成每边三碗的正方形，这样无论从南北或东西方向看，都成三行，故名"九碗三行子"。

（9）油糕：[yóu gāo] 是使用油炸的一种糕点，呈椭圆形，馅一般是红糖或白糖，油糕吃起来既甜又软绵。油糕色泽金黄，细腻柔软，经久而不变色，属纯天然绿色食品。

（10）馓子：[sǎn zi] 一种用糯粉和面扭成环的油炸面食品。现在的馓子，用面粉制成，细如面条，呈环形栅状。

2. 课文词语

（1）调研：[diào yán]（动）调查研究：开展～活动。

（2）旅游胜地：[lǚ yóu shèng dì]（名）旅游胜地是指知名度较高，具有一定特色，对旅游者产生较大吸引力的游览区或游览地。

（3）大概：[dà gài]（副）表示不很精确的估计。大致的内容或情况。

（4）翻台率：[fān tái lǜ]表示餐桌重复使用率的意思。文中表示特别受欢迎，点单的次数多。翻台率是判断大部分餐厅生意好坏的重要因素。

（5）保管：[bǎo guǎn]①保藏和管理：图书～工作｜这个仓库的粮食～得很好。②在仓库中做保藏和管理工作的人：老～｜这个粮库有两个～。③完全有把握；担保：只要肯努力，～你能学会。

（6）美誉：[měi yù]（名）美好的名誉：教师享有辛勤的园丁的～。

（7）荟萃：[huì cuì]（动）（英俊的人物或精美的东西）会集；聚集：～一堂｜人才～。

（8）攻略：[gōng lüè]①（动）攻打掠取。②（名）开展工作或发展事业的谋略、策略：市场～，旅游～。

（9）生坯：[shēng pī]（名）陶、瓷土、耐火材料等经加工、成型、干燥但未烧成的半制品。指比较原生的，没有做任何处理的东西，再次用到需要二次加工操作。

（10）手法：[shǒu fǎ]（名）①处理材料的方法。常用于工艺、美术或文学方面，含有技巧、功夫、作风等意义：表现～｜～高超。②手段，待人处世的不正当方法：两面派～｜毒辣的～。

（11）涂抹：[tú mǒ]（动）使油漆、颜料、脂粉、药物等附着在物体上。木桩子上～了油漆。

（12）拉伸：[lā shēn]（动）牵拉伸展。

（13）虎口：[hǔ kǒu]（名）①比喻危险的境地：～脱险｜逃离～。②大拇指和食指相连的部分。

（14）手艺：[shǒu yì]（名）手工业工人的技术：～人：这位木匠师傅的～很好。

（15）期待：[qī dài]（动）期望、等待：～你早日学成归来。

（16）炼：[liàn]（动）用火烧制或用加热等方法使物质纯净、坚韧、浓缩：～钢｜～焦｜～油｜～乳｜～狱。

（17）专程：[zhuān chéng]（副）专为某事而去某地：～看望，～前去迎接客人。

（18）家访：[jiā fǎng]（动）因工作需要到人家里访问：通过～，深入了解学生的情况。

（19）正值：[zhèng zhí]适逢、恰逢。

（20）诚恳：[chéng kěn]（形）真诚而恳切：态度～｜言出肺腑，～感人。

（21）诀窍：[jué qiào]（～儿）（名）关键性的方法：炒菜的～主要是拿准火候儿。

（22）等量：[děng liàng]①衡量；比较。②犹等同。本文中指相同数量。

（23）凝固：[níng gù]（动）有液体变成固体：蛋白质遇热会～。固定不变；停滞：思想～｜～的目光。

（24）地道：[dì dao]①真正是有名产地出产的：～药材。②真正的；纯粹的：她的普通话说得真～。③（工作或材料的质量）实在；够标准：她干的活儿真～。

3. 成语俗语

（1）心潮澎湃：[xīn cháo péng pài] 澎湃：波涛互相撞击。心情好像波涛一样起伏翻腾。形容心情十分激动，无法平静。

（2）千载难逢：[qiān zǎi nán féng] 载：年。逢：遇到。一千年也难遇到。形容机会极为难得。

（3）人山人海：[rén shān rén hǎi] 人多得像大山大海一样。形容人聚集得非常多。

（4）热火朝天：[rè huǒ cháo tiān] 炽热的烈火朝天熊熊燃烧。形容气氛热烈，情绪高涨。[近] 热气腾腾。[反] 死气沉沉。

（5）顾名思义：[gù míng sī yì] 顾：看。名：指人或事物的称呼。义：意义，含义。看到事物的名称联想到它的含义。

（6）大功告成：[dà gōng gào chéng] 功：事业；告：宣告。指巨大工程或重要任务宣告完成。

## 五、制作流程图

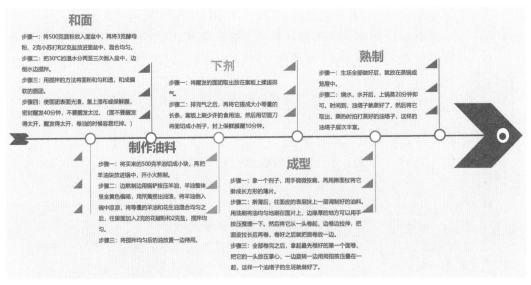

## 六、知识链接

### 油塔子

油塔子的形状像个塔一样，它的名字就是因它的形状得来的。油塔子是一百多年前，西北回族人民发明的面油食品，他们一般拿来配着粉汤吃，当作早点，配合粉汤、羊肉汤吃更加美味。油塔子色白油亮，面薄似纸，层次丰富，油而不腻，软而不沾，老少皆宜，是很受欢迎的食物。

新疆油塔子历史悠久，经久不衰。一百多年前，一位有钱人家的回族厨师在蒸油香的基础上发明了油塔子。当时正逢节日，家家原料齐备，他利用牛羊肉和菜品丰富的好时机，创造了合汁汤这种绝妙的吃法，许多人纷纷效仿、偷学厨艺，但成功者却寥寥无几。它是新疆各族人民喜爱的食物，同时也被新疆人民丰富了其制作内容。

### 昌吉回民小吃街

昌吉回民小吃街是新疆旅游休闲示范街区，古色古香的特色建筑和美味可口的特色美食成为许多市民争相打卡地，市民品美食、赏民俗，热闹非凡。

回民小吃街建于 2006 年 6 月，是一个集餐饮、旅游、文化于一体的旅游区，它位于昌吉市北城区，人民公园的东北角，占地面积 25.3 亩[①]，总规划面积 17000 平方米，建筑面积 12000 平方米，项目总投资 5500 万元。小吃街共分为三个功能区：餐饮区、旅游购物区、文化休闲区。在这里，你可以不出方圆之地，便可领略到回民习俗，品尝回民小吃，不时可欣赏到精彩花儿表演。回民小吃街的建筑风格以传统少数民族建筑风格和中国古典建筑形式相结合，形成了砖雕墙、尖塔式建筑模式，以古色古香为基调，采用绿色的瓦顶、青色的砖雕、铁红的镂空门窗。建筑色彩以回民喜欢的蓝绿为主调，黄色、白色为辅。独特的回民砖雕精雕细刻，主要以梅兰竹菊、荷花、牡丹、葡萄、石榴、博古、山水、书画为主，梅兰代表着高风亮节，竹菊代表着百姓的生活一年比一年好，事业一年比一年高，荷花代表着一尘不染，为人清廉，牡丹代表着富贵迎宾，葡萄代表着百姓的生活丰衣足食，年年丰收，石榴代表着各民族在祖国的大家庭中相互融合，共同繁荣。这些都反映了回族人们对美好生活的向往和祝愿。

### 花儿

花儿产生于明代初年（公元 1368 年前后），花儿又名少年，是流传于西北地区的民歌，因歌词中把女性比喻为花朵而得名，以汉语演唱。由于音乐特点、歌词格律和流传地区的不同，花儿被分为"河湟花儿""洮岷花儿""六盘山花儿"三个大类。在漫长的历史长河中，花儿以爱情为主线，广泛地展现着各个时期的社会生活，多侧面地反映着人民群众的思想感情和愿望，不但在艺术上达到了较高的表现水平，也具有深刻的思想性和珍贵的史料性。基本内容可分为情歌、生活歌和本子歌。人们除了平常在田间劳动、山野放牧和旅途中即兴漫唱之外，每年还要在特定的时间和地点，自发举行规模盛大的民歌竞唱活动——"花儿会"，具有多民族文化交流与情感交融的特殊价值。

花儿（新疆花儿），新疆维吾尔自治区昌吉回族自治州、新疆维吾尔自治区巴音郭楞蒙古自治州传统音乐，国家级非物质文化遗产之一。

新疆花儿源于河州花儿、洮岷花儿，是一种具有鲜明地域特色的民歌形式。新疆花儿吸收了维吾尔、哈萨克等民族的音乐元素，除常见的徵、商、羽调式外，还采用了较为完整的小调式及调式交替手法。与关内"花儿"相比，新疆花儿装饰音少，多为规范的 2/4 节拍，具有很强的舞蹈性。

2008 年 6 月 7 日，花儿（新疆花儿）经中华人民共和国国务院批准列入第二批国家级非物质文化遗产名录，遗产编号：Ⅱ—20。

---

①　1 亩＝666.67 平方米。

## 七、评价自测

| 评价内容 | 评价标准 | 满分 | 得分 |
|---|---|---|---|
| 词语掌握 | 在制作油塔子交流的过程中能够熟练运用本课30个常用词语 | 20 | |
| 语法掌握 | 制作油塔子时能够熟练运用口语进行表述并且符合逻辑、语法运用合理 | 20 | |
| 成型手法 | 油塔子挤捏成型的手法正确 | 20 | |
| 成品标准 | 形状似塔，色白油亮，面薄似纸，层次丰富，油而不腻 | 20 | |
| 装盘 | 成品与盛装器皿搭配协调、造型美观 | 10 | |
| 卫生 | 工作完成后，工位干净整齐、工具清洁干净、摆放入位 | 10 | |
| 合计 | | 100 | |

## 八、课后练习

（一）选择题

1. "攻略"的正确读音是（    ）。

A. gōng lü          B. gōng lüè          C. gāng lüè

2. 制作油塔子时用的羊油和植物油的比例是（    ）。

A. 1：2          B. 2：1          C. 1：1          D. 1：3

（二）判断题

1. 制作油塔子时将植物油和羊油混合在一起的原因是防止羊油凝固。（    ）

2. 制作油塔子时，皮擀得越薄越好，甚至擀破都没关系。（    ）

（三）制作题

自己动手制作一次油塔子分享给老师、同学或是家长，请他们品尝后并给出意见和建议。

# 项目十八 包尔萨克的制作

## 一、学习目标

1. 知识目标：能够听、说、读、写包尔萨克制作过程中的词语及常用语。

2. 能力目标：在规定时间内按照操作流程独立完成包尔萨克的制作。

3. 素质目标：按照食品卫生要求制作包尔萨克，并在制作中对食品的外形、火候、口感的要求做到细致和精准，让学生体会匠人匠心及哈萨克族对自然的感恩和朴实乐观的生活态度。

## 二、制作准备

1. 工具准备：

案板、炉灶（lú zào）、台秤（tái chèng）、刮板（guā bǎn）、花边不锈 钢 滚轮刀、面盆、笊篱、餐盘、炒锅（直径 30 厘米）、保鲜膜（xiù gāng）。

2. 原料准备：

用料：普通面粉 300 克、温牛奶 200 克（26～28℃）、黄油或酥油 20 克、鸡蛋 1 个、酵母粉 2 克、盐 2 克、糖 4 克、植物油 500 克。

## 三、情景对话

### 场景一　和 面（huó miàn）

（在那拉提草原牧民的毡房旁，女主人阿娅拉教游客李丹如何和制包尔萨克的面团。）

李丹：哇，那拉提好美呀！真是如诗如画，我感觉到了仙境一般，湛 蓝（zhàn lán）的天空，绿毯般的草原，欢愉飞奔的马儿，风中摇 曳（yáo yè）的野花，让我如痴如醉呀！

阿娅拉：我们这里不仅风景美，还能让你品尝到哈萨克族传统的舌尖美味。

李丹：阿娅拉姐姐，新疆的美食我是早 有耳 闻（zǎo yǒu ěr wén），而且也在不少地方品尝过，抓饭、烤肉、拌面、烤包子、油馕……我自己都说饿了，哈萨克族传统美食是什么呢？您快告诉我吧！

阿娅拉：妹妹，你跟我来（两人走进毡房）。你们是远道而来的客人，为了表示欢迎，我们要制作哈萨克族传统的美食——包尔萨克。你听说过这道美食吗？

李丹：姐姐，这个还真没有，这个美食有什么特点？制作这道美食需要哪些食材？

阿娅拉：妹妹，包尔萨克跟咱们平时吃的油条有些相似，但是也有区别，你想不想跟我一起做呢？

李丹：没问题，做美食我是 当 仁 不 让 。姐姐，我先去把手洗干净，基本的食品卫
dāng rén bú ràng
生我还是知道的（嘻嘻地笑）。

李丹：姐姐，我洗手的工夫您就把面盛出来了，需要我去准备哪些食材吗？

阿娅拉：好的，妹妹，我现在告诉你一样，你拿一样称好克重好吗？

李丹：没问题，看我的。

阿娅拉：面粉300克、牛奶200克、酥油20克、鸡蛋1个、酵母粉2克、盐2克、糖4克，这些全部用小碗装好，放在案板上。

李丹：姐姐姐姐，我称好了，但是我有好多问题想问您？

阿娅拉：不急不急，慢慢说。

李丹：咱们用的面粉有什么要求吗？

阿娅拉：妹妹，我们用新疆自产的普通面粉就可以了，我们这里的面粉一般是中筋粉或高筋
nóng yù              jīn dao                                                      xiāng piāo sì yì
粉，麦香浓郁，口感筋道，尤其是发面做出来的面食那可是 香 飘 四 溢（高兴地大笑）。

李丹：您又在馋我了。我还想知道为什么我们用温牛奶和面？

阿娅拉：温牛奶可以加速酵母的发酵，这样面团发酵得又快又好。记住牛奶温度不能太高，否则会把酵母菌烫死的。

李丹：好的，我又长知识了。姐姐，我们下一步该做什么了？

阿娅拉：现在我们就将所有的食材倒在一起，之后和成面团等待发酵。不过放食材的顺序
jiǎng jiu
也是特别有讲 究的，第一步我们先把面粉、发酵粉、糖、酥油放入碗里拌匀，最后放入盐；第二步分次倒入牛奶搅拌，这里我们要看看面粉的吸水程度，可以加入10克左右牛奶；第三步我们和一个稍微偏软的面团，盖好保鲜膜将面团静置2小时左右，醒发至2倍大。

**图片1　包尔萨克的制作——和面**

场景一微课视频——包尔萨克
的制作

biǎo shù
李丹：姐姐您表 述得好专业，可以当美食主播了呀！

阿娅拉：（哈哈大笑）当一天老师就要有老师的样子，认认真真才行。

李丹：这会儿面团准备好了，您再给我说说这个美食怎样吃吧？

阿娅拉：你已经是迫不及待了。那我就说说吧，这个美食是有伴侣的，就像油条有豆 (pò bù jí dài) (bàn lǚ)
浆一样，包尔萨克一定要配奶茶。每当客人到访，我们做好香喷喷的包尔萨克，端出热腾腾
的奶茶，冬不拉奏响欢快悠扬的乐曲，这就是我们民族对自然的感恩和朴实乐观的生活
态度。

李丹：姐姐，我在您这里不只是吃到了美食，我还享受到了精神境界的饕餮盛宴。 (tāo tiè shèng yàn)

### 场景二　熟制

（学校放寒假，在新疆财经大学上学的大二新生张旭回到了西安的家中，正在和妈妈切
磋厨艺。）

张旭：妈妈，您在忙什么呢？

妈妈：这不是快过春节了，我炸点麻叶子、麻花、猫耳朵，备点年货呢。

张旭：妈妈，在上学这段时间，我品尝过哈萨克族一种传统美食，让我吃了一次就忘不
掉，虽然也是油炸的，但是发面做的，叫"包尔萨克"。今年过年我们标新立异，在古"丝
绸之路"起点的西安来个各民族美食大融汇。

妈妈：这学没有白上，这么快就学以致用了，但是光说不练假把式，你会做吗？

张旭：妈妈，您是门缝里看人，把我给看扁了，我可是专门拜师学艺的，真传！（哈哈
大笑）我来和面，您瞧好嘞。

妈妈：那我就等着吃喽。

张旭：妈妈妈妈，不急着走，我还有请教您的地方呢。

妈妈：看在你虚心求教的份上，我等会儿亲自指导。

张旭：妈妈，面发好了，我现在准备擀开、切块儿，您要不要检验检验呢？

妈妈：好的，我把保鲜膜提前给你备好。

张旭：姜还是老的辣，我一动手妈妈就知道我要干什么。妈妈，您看这个面皮擀得不能
太薄，大约0.5厘米厚就可以了，之后将面皮用花边不锈钢滚轮刀切成5厘米宽的面条，
再将面条用花边不锈钢滚轮刀切面块儿，不能切得太小，最好5厘米乘以5厘米的菱形块
儿，这样炸出来比较美观。

**图片2　包尔萨克的制作——制皮**

妈妈：嗯，看着还是蛮专业的，我们先盖好保鲜膜再醒发20分钟。

妈妈：儿子，你这活儿还没有干完呢，准备半途而废吗？ (bàn tú ér fèi)

张旭：妈妈，这是我第一次做新疆美食，一定精益求精、善始善终。现在油炸这个步骤

是最考验厨艺的一步，我需要您的帮助！

妈妈：好的，我们先把炒锅放在炉灶上，倒入 500 克的植物油，这类油炸食物不能油温太高，一般先大火，后中火，为了试试油温，先放入一个面块儿看看炸的效果。

张旭：妈妈，快看面块儿泡起来了，鼓鼓的，太好看啦。

妈妈：别看了，快把面块儿放锅里，顺着锅边放，别烫着你。一次放 10 个左右，别放太多，这里还需要用笊篱轻轻地搅动，让面块儿均匀受热。你看，面块儿炸至两面金黄就可以捞出控油了。

**图片 3　包尔萨克的制作——油炸**

张旭：哇，成功啦，一锅包尔萨克新鲜出炉喽。母子齐心，其利断金！

张旭：妈妈您先尝一尝，味道怎么样？

妈妈：非常不错呢，真是各美其美，美人之美，美美与共，天下大同！

## 四、字词解析

**1. 专有名词**

花边不锈钢滚轮刀［huā biān bù xiù gāng gǔn lún dāo］：用不锈钢圆滚和木柄组成的工具，用于切割面皮、比萨或者派等美食。

**2. 课文词语**

（1）湛蓝：［zhàn lán］状态词，深蓝色（多用来形容天空、湖海等）。

（2）摇曳：［yáo yè］是动词。指逍遥；轻轻地摆荡，形容东西在风中轻轻摆动的样子，也指悠然自得的样子。

（3）早有耳闻：［zǎo yǒu ěr wén］早就听说过或者是以前听过一些相关的内容。

（4）当仁不让：［dāng rén bú ràng］遇到应该做的事情，积极主动地担当起来，毫不推辞。

（5）浓郁：［nóng yù］浓厚；浓重。此处指包尔萨克香味浓厚。

（6）筋道：［jīn dao］指食物有韧性，耐咀嚼。

（7）香飘四溢：［xiāng piāo sì yì］形容香气很浓，香味飘满四周。

（8）讲究：［jiǎng jiu］多指注重，力求完美。

（9）表述：［biǎo shù］详细说明。

（10）迫不及待：［pò bù jí dài］迫：紧急。待：等待。急迫得不能再等待。

（11）伴侣：［bàn lǚ］关系密切的同伴。这里指的是食物搭配。

（12）饕餮盛宴：[tāo tiè shèng yàn] 饕餮是我国古代传说中的一种神兽，据说是龙生九子之一，食量大。饕餮后来又代指美食家。饕餮盛宴就是指有很多吃的东西的宴席，有很多美食的宴会。此处指精神领域的充盈和丰富。

（13）半途而废：[bàn tú ér fèi] 事情没有完成就放弃了。

（14）各美其美，美人之美，美美与共，天下大同：[gè měi qí měi，měi rén zhī měi，měi měi yǔ gòng，tiān xià dà tóng] 意思就是人们要懂得各自欣赏自己创造的美，还要包容地欣赏别人创造的美，这样将各自之美和别人之美融合在一起，就会实现理想中的大同美。即要承认世界文化的多样性、尊重不同民族的文化，文化既是民族的又是世界的。各民族文化都以其鲜明的民族特色丰富了世界文化，共同推动了人类文明的发展和繁荣。只有保持世界文化的多样性，世界才更加丰富多彩，充满生机和活力。

## 五、制作流程图

| 和面 | 制皮 | 熟制 |
| --- | --- | --- |
| 步骤一：将面粉过筛放入盐中。<br>步骤二：把温牛奶分两至三次倒入盘中。<br>步骤三：用抄拌和搅拌的方法将面粉和匀和透。<br>步骤四：使面粉表面光滑，盖上保鲜膜，醒面2小时左右。 | 步骤一：取出面团，不用揉，直接将面团擀成一张0.5厘米的面皮。<br>步骤二：用花边不锈钢滚轮刀将面皮均等刮成5厘米的宽条，再将宽条斜向分割成5厘米的菱形块。<br>步骤三：切好后，覆盖保鲜膜，醒发20分钟。 | 步骤一：先将植物油倒入炒锅中烧热，油温控制在75~80℃，温度不宜过高，容易炸煳。<br>步骤二：依次将面块下入油锅中(直径为30厘米的锅内，可放入20个左右面块，以此类推)，并不停翻面，直至面块鼓起，呈现两面金黄，用笊篱捞起控油，待温度下降至温热后，方可食用。 |

## 六、知识链接

### 包尔萨克

包尔萨克是哈萨克族传统的一种小吃。包尔萨克和奶茶往往也是一对连体，就像汉族人的油条和豆浆一样。哈萨克族牧民热情好客，一般用包尔萨克和奶茶招待客人。

### 那拉提旅游风景区

那拉提旅游风景区，位于新疆新源县境内，地处天山腹地，伊犁河谷东端，总规划面积1848平方千米。风景区自南向北由高山草原观光区、哈萨克民俗风情区、旅游生活区组成。

那拉提是国家 5A 级风景区、国家级旅游度假区，伊犁州旅游的龙头景区，新疆著名景区之一，拥有空中草原、河谷草原、盘龙谷、沃尔塔交塔等著名景点。2018 年 4 月 13 日，入围"神奇西北 100 景"。

2018 年 12 月 29 日，被国家民委命名为第六批全国民族团结进步创建示范区（单位）。2021 年 7 月 4 日，独库公路全线通车，包括那拉提至独山子路段。2020 年 12 月 15 日，被中华人民共和国文化和旅游部认定为国家级旅游度假区。

## 七、评价自测

| 评价内容 | 评价标准 | 满分 | 得分 |
|---|---|---|---|
| 词语掌握 | 听说读写制作包尔萨克字词 14 个 | 20 | |
| 语法掌握 | 能够熟练运用口语进行表述包尔萨克的制作过程，语法正确，逻辑合理 | 20 | |
| 成型手法 | 擀制面皮厚薄、切块大小 | 20 | |
| 成品标准 | 两面金黄、口感香软 | 20 | |
| 装盘 | 成品与盛装器皿搭配协调、造型美观 | 10 | |
| 卫生 | 工作完成后，工位干净整齐、工具清洁干净、摆放入位 | 10 | |
| 合计 | | 100 | |

## 八、课后练习

（一）选择题

1. 包尔萨克的麦香（　　），口感（　　）。

A. 浓厚，绵软　　　　B. 浓郁，筋道　　　　C. 清香，有劲　　　　D. 清甜，硬实

2. 包尔萨克与（　　）是伴侣。

A. 茶水　　　　B. 奶茶　　　　C. 牛奶　　　　D. 鸡蛋

（二）判断题

1. 和面的时候采用冰牛奶发面。（　　）

2. 油炸包尔萨克的时候不能用笊篱搅动。（　　）

（三）制作题

自己动手制作一次包尔萨克分享给老师、同学或是家长，请他们品尝后并给出意见和建议。

# 项目十九 过油肉拌面的制作

## 一、学习目标

1. 知识目标：能够熟练掌握过油肉拌面制作过程中的词语及常用语。
2. 能力目标：能够在规定时间内按照过油肉拌面制作流程完成制作，掌握制作要领。
3. 素质目标：可将学生分成 2 人一组进行制作，培养学生团队协作精神和在美食制作过程中的卫生习惯和行业规范，让学生了解新疆饮食文化特点。

## 二、制作准备

1. 设备、工具准备：
(1) 设备：案台、案板、炉灶、电子秤、锅。
(2) 工具：面板、切面刀、碗、面盆、餐盘、锅铲、保鲜膜、油刷、笊篱、筷子。

2. 原料准备
(1) 面粉 300 克（2 人份）、冷水或者温水（30℃）150 毫升、盐 2 克、植物油 200 克。
(2) 配菜：新鲜羊肉或者牛肉 200 克、鸡蛋 1 个、洋葱 1 个、青红辣椒各 2 个、西红柿 1 个、盐 3 克、料酒 5 克、生抽 10 克、大蒜 2～4 瓣、淀粉 2 克、干红辣椒（là jiāo）、胡椒粉或者花椒粉 1 克 、姜粉 1 克、鸡精 0.5 克。

## 三、情景对话

### 场景一　拉面

（在学校烹饪实训室，学生正跟 随（gēn suí）刘老师学做拌面）

刘老师：同学们，按照课程安排，今天大家要学习制作拌面，所有的工作已经准备就绪（jiù xù）。

阿力木：老师，说到拌面，我马上就想到了托克逊的过油肉拌面、伊犁的碎肉拌面、南疆的菜盖面，还有辣子肉拌面、土豆丝拌面、西辣蛋拌面等，咱们新疆的拌面品种可多着呢！要说最想吃的，那还是托克逊的过油肉拌面。

刘老师：阿力木说得没错。托克逊拌面讲求工艺，主要秘诀在于"一揉二盘三拉四炒"的烹 制（pēng zhì）方法，从选面、和面、醒面、揉面、拉面、下面，到选肉、选菜、切肉切菜、拌肉腌肉、配料都有一套严格的 工 序。这节课咱们先来学习如何拉面。

阿力木：太好了，我可得好好学，回家好给我爸妈露一手。

刘老师：所有的同学 2 人一组，自由组合，站在操作台前，操作过程中相互配合。首先，在碗中加入 2 克盐，然后在碗里加入凉水或温水少许，搅拌均匀备用。再把 300 克面粉放入面盆中，把准备好的盐水分两至三次倒入盆中，边倒水边搅拌，需要注意的是，用手搅拌时将面粉和匀和透，和成偏软的面团。

**图片 1 过油肉拌面的制作——和面**

阿力木：老师，我想问问，为什么要用盐水和面，还得把面和得较软呢？

刘老师：加盐的目的是面吃起来更加筋道，但需要注意的是，盐不能多了，盐多了的面不容易拉开，偏软的面在拉面的时候更容易拉开。

刘老师：把面揉匀揉透，揉光滑后盖上保鲜膜醒发 20 分钟。现在按照我刚刚说过的步骤，请大家开始操作，操作过程中，小组成员互相复 述刚刚讲过的步骤，以 便记忆。

阿力木：老师，请您看看我这个面团揉得怎么样？

刘老师：还不错。

刘老师：好的，同学们，在面团需要醒发的这个时间段，我再给大家讲解后面的步骤，请大家注意聆 听。稍后把醒发好的面团放在面板上再次搓揉均匀，然后给面板上均匀刷上油，把面团切成长块，长块揉成长条，面要揉长揉细，再把油均匀涂抹或刷在长条面剂上。

阿力木：老师，为什么要在面剂上涂抹或是刷上油呢？

刘老师：这个问题问得好，在面剂上涂抹或是刷油，一是为了防止面剂中水分蒸发或流失造成面剂表面出现裂 纹，不影响下一步制作。二是为了防止在制作过程中，拉的面粘 连在一起。

**图片 2 过油肉拌面的制作——给面剂刷油**

刘老师：所有的小组完成以上步骤，接下来，大家将盘底均匀刷上油，把揉成长条的面转圈盘入盘中，每盘一层在面上薄薄地再均匀刷一层油，盖上保鲜膜醒发。

（盘好的面剂醒发 20 分钟后）

刘老师：同学们，现在将保鲜膜去掉，拿出一个醒发好的面剂，左手将醒好的长条面剂抓住，右手将左手的面剂拉成长条面，再将拉好的长条面绕在双手上，双手将面条均匀拉开，最后在案板上砸<sup></sup>几下，每个面剂依次完成。

图片 3　过油肉拌面的制作——拉面

阿力木：老师，面拉得粗细有规定吗？

刘老师：有的人喜欢吃粗一点的面，有的人喜欢吃细一点的面，粗细完全根据自己的喜好。如果是胃不太好的人，最好吃细一点的面，更有利于消化。

刘老师：最后将拉好的面下入滚开的水锅里，熟后捞出，用凉开水或冷水过一下，沥净水盛盘即可。

阿力木：老师，一定要用凉开水过一下面吗？

刘老师：可以不过冷水直接吃，这也是根据自己的喜好来定。

## 场景二　制作拌面配菜

（周末，烹饪班张老师带学生阿力木前往托克逊赏杏花。）

阿力木：张老师，能有幸跟您一起去托克逊赏杏花，我真是开心得无以言表。

张老师：你知道为什么要去托克逊赏杏花吗？因为托克逊有着"新疆魅力第一春"的美名，每年 3 月中旬，托克逊县万亩杏花园内，杏花竞相绽放，花香四溢，春色萌动。

阿力木：真是一幅生机勃勃的初春画卷！张老师，咱们新疆的 3 月还是挺冷的，为什么托克逊的杏花会在 3 月中旬就开花了呢？

张老师：托克逊县位于新疆维吾尔自治区中东部天山南麓吐鲁番盆地西部，托克逊平均海拔零米，是中国唯一的零海拔县，气候属于典型大陆性暖温带荒漠气候，光热资源丰富，是我国降水量最少的县，素有"风库"之称，杏花是新疆所有果树中第一个绽放的，因而有新疆的"报春花"之称，而托克逊独特的气候特别适合杏树生长。

场景一微课视频——过油肉
拌面的制作

阿力木：张老师，您上知天文下知地理，知识渊博，我要好好向您学习。

张老师：谢谢，走吧，让我们 <ruby>倘 佯<rt>cháng yáng</rt></ruby> 在花海之中，在明媚的春光里，<ruby>领 略<rt>lǐng lüè</rt></ruby> 多彩的民俗风情、品尝特色的美食佳 <ruby>肴<rt>jiā yáo</rt></ruby>，再听一曲余音绕 <ruby>梁<rt>yú yīn rào liáng</rt></ruby> 的吐鲁番木卡姆，定会有不一样的收获与感受。

阿力木：张老师，一说到美食，我就想到当地美食过油肉拌面了，坐了几个小时的车，我还真有点儿饿了，咱们要不要去品尝一下正宗的托克逊过油肉拌面呀？

张老师：没问题呀！

阿力木：张老师，这过油肉的香气扑鼻而来，我好想看看厨师究竟是怎么做出来的。

张老师：平常在家做得味道一般，那咱们就一起学习一下。瞧，配菜师傅先将肉切片放入碗中，加入淀粉、花椒粉、生姜粉、油、鸡蛋、料酒、生抽搅拌均匀，静置腌制10分钟。再将洗净的西红柿切成丁、洋葱切成小块儿、青红辣椒切成菱形块儿、大蒜切成末、干红辣椒切成段放入盘中备用。

阿力木：张老师，为什么还要提前腌制肉，直接下锅炒不行吗？

张老师：提前用调料腌制肉使得口感嫩滑，更入味，加入淀粉和鸡蛋液可以锁住水分，加入油防止肉过油时互相粘连。

阿力木：原来如此，这还挺讲究的，过油肉拌面好不好吃还在于拌面的菜味道怎么样。

张老师：步骤还没完，师傅往锅里倒油，把油温控制在七成左右，倒入提前腌制好的肉片翻 <ruby>炒<rt>fān chǎo</rt></ruby> 变色捞起。把刚用过的油锅中的油烧热，倒入青红椒和洋葱翻炒最多10秒，倒出控油备用。锅底留少许油，把干红辣椒、蒜末和葱倒入锅中翻炒爆香，再把过油的青红辣椒和洋葱、西红柿丁倒入锅中翻炒，最后将过油的肉倒入锅中大火翻炒。

阿力木：这师傅翻炒的动作很是 <ruby>娴 熟<rt>xián shú</rt></ruby>，他又加盐、生抽、花椒粉，继续翻炒均匀，加适量水，最后放入少许鸡精，快速翻炒就出锅了。

张老师：咱们把菜倒在面上拌开，让每一根面条吸附上油汁，听一下，耳边充斥着一片"稀里呼噜"的吃面声，痛快淋 <ruby>漓<rt>lín lí</rt></ruby>。这面条的绵香和菜的醇香结合得天 <ruby>衣 无 缝<rt>tiān yī wú fèng</rt></ruby>。

阿力木：都说托克逊过油肉拌面吃上一盘，一天都能让人精神百倍，果然 名 不 虚 <ruby>传<rt>míng bù xū chuán</rt></ruby> 啊！

## 四、字词解析

1. 专有名词

（1）风库：［fēng kù］托克逊气候属于典型大陆性暖温带荒漠气候，西伯利亚强冷空气翻过阿勒泰山，南下时遇到天山阻隔，造成托克逊独特的气候条件，年均风速8米/秒，风速很大，因此是中国著名的风城。

（2）报春花：［bào chūn huā］报春花科。一年生草本。冬末春初开花，花深红、浅红或淡紫。原产我国云南、贵州。现各地均有栽培，供观赏。

2. 课文词语

（1）跟随：［gēn suí］（动）跟：他从小就～着爸爸在山里打猎。

（2）就绪：［jiù xù］（动）事情安排妥当：大致～｜一切布置～。

（3）烹制：［pēng zhì］（动）烹调制作（菜肴等）：～美食｜掌握～技法。

（4）腌：［yān］（动）把鱼、肉、蛋、蔬菜、水果等加上盐、糖、酱、酒等，放置一段时间使入味：～肉｜～菜｜～制。

（5）工序：［gōng xù］（名）组成整个生产过程的各段加工，也指各段加工的先后次序。材料经过各道～，加工成成品。

（6）露一手：［lòu yī shǒu］（动）在某一方面或某件事上显示本领：他厨艺不错，每次来客人总要～。

（7）复述：［fù shù］（动）①把别人说过的话或自己说过的话重说一遍。请你再～一遍课文。②语文教学上指学生把读物的内容用自己的话说出来，是教学方法之一。

（8）以便：［yǐ biàn］（连）用在下半句话的开头，表示使下文所说的内容目的容易实现：请在信封上写清邮政编码，～迅速投递。

（9）聆听：［líng tīng］（动）（书面语）听，常指仔细注意地听：～教诲。

（10）裂纹：［liè wén］（名）①同"裂璺wèn"。②瓷器在烧制时做成的不规则的花纹。

（11）粘连：［zhān lián］（动）①现代医学上特指体内的黏膜或浆膜由于炎症病变而粘在一起。②（物体与物体）粘在一起：把由于潮湿而～的纸张一层一层地揭开。③比喻联系；牵连：这件事跟你们没什么～。

（12）砸：［zá］（动）①用沉重的东西对准物体撞击；沉重的东西落在物体上：搬石头不小心，～了脚。②打破：盘子～了。③（事情）失败：戏演～了。

（13）有幸：［yǒu xìng］（形）很幸运，有运气：希望以后的每个生日我都能～陪你度过。

（14）无以言表：［wú yǐ yán biǎo］无以：没有什么可以用来；无从。言：言语。表：表达。没有什么言语可以用来表达（常用于感受）。考试之后成绩对学生来说无疑是重要的，所以今天当我看到语文试卷上的96分时，我高兴得～。

（15）竞相绽放：［jìng xiāng zhàn fàng］竞：攀比，争先；相：互相。本义是形容植物的花开放的过程，争着抢着绽放自己的姿彩，生怕自己落在别的花后面。后来这个词语被用来形容人类活动中的一些行为，多指那些有意义的，符合潮流的，受群众欢迎和支持的各种活动，积极踊跃开展的情形。春天，漫山遍野的杜鹃花～。

（16）花香四溢：［huā xiāng sì yì］四：周边。溢：充满而流出来。花的香气四处飘散。映入眼帘的是大片的薰衣草庄园，微风拂过，～，芬芳扑鼻。

（17）萌动：［méng dòng］（动）①（植物）开始发芽。②（事物）开始发动：春意～。

（18）麓：［lù］山脚。山～｜泰山南～。

（19）徜徉：［cháng yáng］（动）也作"倘佯"。①徘徊：自由自在地行走：～花市，美不胜收。｜在海边～。②彷徨，心神不宁：心中无限～。

（20）领略：［lǐng lüè］（动）了解事物的情况，进而认识它的意义，或者辨别它的滋味：～新疆风味。

（21）佳肴：［jiā yáo］（名）精美的菜肴：美味～｜请尽情品尝～美酒。

（22）翻炒：［fān chǎo］（动）炒菜的过程中要不断地翻动。

（23）淋漓：［lín lí］（形）①形容湿淋淋往下流滴的样子：大汗～｜鲜血～｜～身上衣，颠倒笔下字。②形容充盛或尽兴、畅快：痛快～＝～痛饮长亭暮，慷慨悲歌白发新。

3. 成语俗语

（1）生机勃勃：［shēng jī bó bó］勃：旺盛。形容自然界充满生命力，或社会生活活跃。［近］朝气蓬勃。［反］死气沉沉。

（2）余音绕梁：［yú yīn rào liáng］余：剩下来的，多出来的，剩余。原意是音乐停止后，余音好像还在绕着屋梁回旋。形容歌声优美，给人留下难忘的印象。［近］余音袅袅。［反］不堪入耳。

（3）天衣无缝：［tiān yī wú fèng］缝：空隙。原意是神话传说中仙女的衣服没有衣缝。比喻事物周密完善，找不出什么毛病。［近］完美无缺。［反］漏洞百出。

（4）名不虚传：［míng bù xū chuán］虚：假。流传开的名声与实际相符合，传出的名声不是虚假的。指实在很好，不是空有虚名。形容确实很好，不是空有虚名。［近］名副其实。［反］名不副实。

# 五、制作流程图

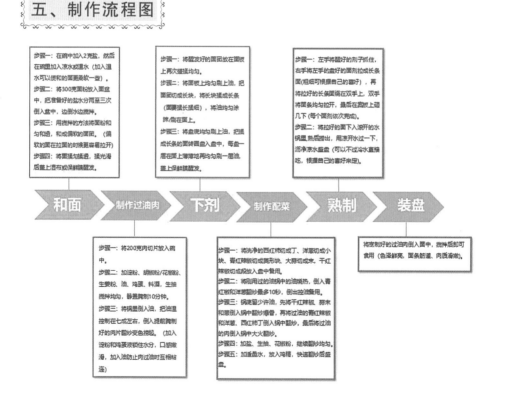

**六、知识链接**

### 新疆人的胃，拌面的胃

拉条子就是新疆拌面的俗称，一种不用擀、压的方法而直接用手拉制成的小麦面制品，加入了各种蔬菜和牛羊肉制作的拌面，色泽鲜亮，汤口红油，面条筋道，是新疆各族群众都喜欢的一种大众面食。然而，追根溯源拌面，它其实是一个不折不扣的外来吃食。在新疆，拌面也被称作"拉条子"，实际上就是圆形的拉面。较兰州牛肉面要细，和陕西的棍棍面相同，拌面有着来自陕甘地区的明显传承，而拌面中最具代表性的过油肉，实际上也是来自山西。在维吾尔语中，拌面的读音为"郎曼"，也被译写为"兰格曼"。其实就是拉面的转音，透露了拌面的渊源。

对于一个新疆人来说，没有什么东西能够代替拌面。新疆人的胃，就是拌面的胃。如果一个新疆人离开了新疆——哪怕只是七八天，对新疆的思念，在相当程度上其实就是对拌面的思念，这也就是为什么新疆人只要从外地回来，十有八九就会先奔到拌面馆子来一份扎扎实实的拌面——只有当一盘正宗的拌面下肚，一个新疆人才会元神归位，和新疆的一切同步。

拌面无疑是新疆最为主要的日常饮食，有着各种知名的拌面，如托克逊的过油肉拌面、伊犁的碎肉拌面、南疆的菜盖面等，流派纷呈。然而似乎只有托克逊拌面的名头最为响亮，经久不衰。走在乌鲁木齐的街头巷尾，一不留神就能看见以托克逊拌面来命名的拌面馆子。

但不管拌面源自哪里，在新疆经过不断的融合改造，最终形成了自己的风格，在这一点上，拌面所透露出的，就是新疆的气质与风格：既有游牧民族的豪爽大气，又有农耕民族的厚重内敛，看起来有几分粗放，但细细品味，却丰富浓郁，回味悠长。

### 一座拌面之城

因为拌面，今天的托克逊，已经成为一座拌面之城。小小的托克逊县城如今仅大小拌面馆就有 400 多家，而直接从事拌面的从业人员就达到 1500 人以上，托克逊县城才只有 2.2 万多人口，仅经营拌面的人就占县城人口的 6.8%。也就是说，十四五个人里面就有一个直接经营拌面的，这还不包括更多提供食材的人在内。

托克逊是拌面之城还体现在其最为著名的一个节庆活动——拌面节。这个从 2013 年开始的节庆，都在每年秋季举行。所谓拌面节除了通过活动卖各种农产品外，重点其实就是比拼，一种比拼是各个拌面馆的，还有一种比拼则是各类食客的。

拌面节上，托克逊各个参赛拌面馆的摊位一字排开，和面、炒菜、下面……一片欢腾。我曾经见过制作彩色面的摊位，见厨师将红、橙、黄、绿、白五种颜色的面和在一起，做成所谓五彩拌面。不管怎么说，这个五彩面的颜色非常好看，至于吃起来怎么样，就不大清楚了，显然是观赏性大于食用性。

不过，对于一个吃货来说，或许还是对那些色香味俱全的传统拌面更为关注。这些争奇斗艳的创新拌面，主要是表演的意义，拌面馆平常肯定不会去费工夫做这样的拌面，一般食客估计也不会点这样的拌面，对广大食客来说，还是香气扑鼻、筋道爽口的传统拌面更受欢迎。而托克逊拌面节上也有规定项目的比赛，各家做出传统的拌面进行评选。如果你去托克逊，看到某家拌面馆里挂着某某年度十佳拌面的牌子，就是在这个时候选出来的。

拌面节上食客的比拼则是各种吃拌面争霸赛，当然不是比谁吃得多，而是比谁吃得快，2016 年的拌面节是按照性别、年龄分了几个组，大家风卷残云吃成一片，那一年青年组最快的一位用时 39 秒就吃完了两份共 400 克的拌面。也因此，将托克逊称作"拌面之城"，毫无夸张。

## 七、评价自测

| 评价内容 | 评价标准 | 满分 | 得分 |
| --- | --- | --- | --- |
| 词语掌握 | 在制作过油肉拌面和前往托克逊赏杏花交流的过程中能够熟练运用本课 27 个词语 | 20 | |
| 语法掌握 | 制作过油肉拌面时能够熟练运用口语进行表述并且符合逻辑、语法运用合理 | 20 | |
| 成型手法 | 拉面成型的手法正确 | 20 | |
| 成品标准 | 面条粗细均匀、爽滑而筋道，过油肉鲜香细嫩不肥腻 | 20 | |
| 装盘 | 成品与盛装器皿搭配协调、造型美观 | 10 | |
| 卫生 | 工作完成后，工位干净整齐、工具清洁干净、摆放入位 | 10 | |
| 合计 | | 100 | |

## 八、课后练习

（一）选择题

1. "徜徉"的正确读音是（　　）。

A. cháng yáng　　　B. táng yáng　　　C. chàng yáng

2. 制作过油肉拌面时的面需要醒发几次（　　）。

A. 0　　　B. 1　　　C. 2　　　D. 3

（二）判断题

1. 和面时，面和得越硬越好。（　　）

2. 制作过油肉拌面时，提前用调料腌制肉使得口感嫩滑，更入味，加入淀粉和鸡蛋液可以锁住水分，加入油防止肉过油时互相粘连。（　　）

（三）制作题

制作一次辣子肉拌面给老师、同学或是家长吃，请他们品尝并给出意见和建议。

# 项目二十

## 新疆汤饭（揪<ruby>揪<rt>jiū</rt></ruby><ruby>片<rt>piàn</rt></ruby><ruby>子<rt>zi</rt></ruby>）的制作

## 一、学习目标

1. 知识目标：能够熟练表述制作新疆汤饭使用工具词汇，并完整表达制作流程。

2. 能力目标：能够在规定时间内按照制作流程完成新疆汤饭的烹制。

3. 素质目标：使学生养成良好的食品卫生习惯，在制作烹调食品中增强尊重食客、尊重食材的意识，发扬爱岗敬业、精益求精的精神。

## 二、制作准备

1. 设备、工具准备：

（1）设备：面板、炉灶、台秤、<ruby>炒 瓢<rt>chǎo piáo</rt></ruby>。

（2）工具：擀面杖、小勺、大面板、切面刀、大碗、面盆、餐盘、锅铲、保鲜膜、油刷。

2. 原料准备：

（1）面粉200克、水（常温）130毫升、盐2克、生抽、醋各1小勺。

（2）羊肉100克、西红柿1个（大）、土豆1个（中等）、洋葱1头、香菇（白蘑菇或野蘑菇）5朵、青菜（可使用菠菜或油白菜或上海青等大叶子菜替代）4棵、香菜2根、小葱1根、姜2片、蒜4瓣。

注：以上原材料是三人份，羊肉和蔬菜的比例可以根据个人口味进行调整。

## 三、情景对话

### 场景一　制作面剂

（乌鲁木齐冰雪旅游<ruby>开 幕<rt>kāi mù</rt></ruby>现场，丝绸之路滑雪场里17岁的哈萨克族叶尔兰同学利用寒假时间在给游客教授滑雪，他可是有着10年滑雪经验的资深老教练了。到了14：00吃饭时间，叶尔兰带着游客前往冰雪风情美食广场品尝新疆美食。）

叶尔兰：各位来自浙江杭州的小哥哥、小姐姐再次欢迎你们来大美新疆<ruby>领 略<rt>lǐng lüè</rt></ruby>冰雪风情，看到大家一上午滑雪中的<ruby>摸 爬 滚 打<rt>mō pá gǔn dǎ</rt></ruby>，估计各位也是<ruby>饥 肠 辘 辘<rt>jī cháng lù lù</rt></ruby>了，今天中午我们给大家安排了丰盛的午餐，哪位游客想猜猜是什么美食？

    游客张健：小叶教练，我们这一上午体力耗 费巨大，一定要安排扎实一点的午餐，我们吃饱了，下午才有力气玩呢。

    游客王霞：是呢，小叶教练，新疆美食我们可是略 知 一 二的，抓饭、拌面、炒面、烤肉……这些可以安排起来，呵呵。

    游客刘军：小叶教练，早晨滑雪我们感觉有些冷，滑起来的时候虽然热了，但是我们还是想吃点儿暖和一点的饭菜。

    叶尔兰：各位哥哥、姐姐，你们的要求我们通通满足，请大家收起雪具，拿好自己的私人物品，相互看看自己小伙伴都到了没有呢？

    游客众人：到齐啦，到齐啦。

    叶尔兰：跟我一起出发，去餐厅喽。

（叶尔兰带游客到冰雪风情美食广场自助餐区。）

    游客李娟：哇，这么多好吃的，是自助餐呀，这下可饱口福了。

    叶尔兰：考虑到大家不远万里来新疆，我们一定让大家不虚此行，吃好、玩好，最重要的是心情好呢。不过大家要按量取餐，不能浪费哟！

    游客众人：小叶教练，好的，明白！

    游客刘军：小叶教练，这个大锅里是什么饭？有汤、有菜的。

    叶尔兰：刘哥，这个饭叫"新疆汤饭"，我们当地人称"揪片子"，我建议滑雪的小伙伴吃完正餐后，每人都喝一小碗汤饭，养胃保暖。

    游客众人：小叶建议大家再吃点汤饭，可以养胃，暖身子（众人纷纷前往取餐）。

    游客刘军：亲们，刚才吃的抓饭、拌面还有些油腻，汤饭酸酸的，吃完汤饭特别解腻，身上热热的真舒服呀。

    游客王霞：看你这么享受，你怎么不问问这个美食怎么制作的？

    游客刘军：这说得对，我不仅会吃，还要会做，等回杭州我也给你们露一手。小叶教练，刚才你说的汤饭为什么要加新疆呢？和别的地方有什么区别吗？

    叶尔兰：刘哥，当然有区别了，新疆的汤饭的精 髓就是羊肉，这是我们汤饭的独 到之 处。

    游客刘军：你是一语 道 破 天 机，不过现在杭州也有新疆羊肉的专卖店，做正宗的新疆汤饭我还是可以实现的，但是具体怎样制作呢？

    叶尔兰：刘哥，纸上谈兵不如现场观看，我带你去后堂学习学习吧。

    游客刘军：好的，机会难得呀。但是我们去后堂会不会打扰厨师们做饭呀？

场景一微课视频——新疆汤饭
（揪片子）的制作

叶尔兰：刘哥，不用担心，美食广场为了满足游客们想学习制作新疆美食的兴趣，用大玻璃将后堂改造为可供游客参观的开放区域，游客们可以全方位地参观厨师们的精彩"表演"，还可以监督餐饮制作的卫生安全。刘哥，请跟我来。

（叶尔兰带领众多游客来到美食制作区。）

游客王霞：这后堂窗 明 几 净（chuāng míng jī jìng），真是吃得放心。

游客刘军：小叶教练，我怎么没有看到师傅做汤饭？

叶尔兰：刘哥、王姐，这个师傅就在做汤饭（他指向一位和面师傅）。做汤饭的第一步是和面，一般我们使用的是当地的高筋面，两个人分量的汤饭用200克面，如果人多可以添加面。面粉舀在面盆后，要在面里添加2克食盐，这样面吃起来更加筋道，之后添加130毫升水将面和成面团，重点是面团不能太硬，用手指可以轻松按压。

游客刘军：看来面粉也是关键，杭州的面粉筋度小，做汤饭不合适，不过网络这么发达，我刚才在购物平台上看到新疆面粉发到内地免运费，我已经下单啦。

叶尔兰：刘哥，不愧是来自网络发达的城市，一网买所有，哈哈哈。这食材不发愁了，现在我们看看技术活。

游客刘军：谢谢夸奖，新疆网络也很发达的，现在我足不出户就可以吃到新疆原汁原味的干果、馕、奶酪，还有很火爆的新疆炒米粉。

叶尔兰：（点赞）是的，刘哥，快看，师傅把刚才在案板上饧制10分钟的面进行二次和面，再次醒发10分钟。

游客王霞：小叶师傅，这二次醒发是为了让面吃起来口感更加筋道吗？

叶尔兰：王姐，答对了，在家一定是烹饪专家。哈哈。

游客刘军：师傅为什么把醒发好的面擀成一张20厘米的圆饼，面上还要刷上食用油？

叶尔兰：刘哥，这是制作面剂的前提，擀开之后需要将圆饼切成4厘米的宽条，之后将宽条压扁，再拉长揪成和大拇指甲盖大小的面块儿。至于刷油，是为了防止面饼粘在案板上。

图片1　新疆汤饭（揪片子）的制作——制作面剂

游客刘军：原来如此，真是长见识啦。

## 场景二　炝锅煮面

（大年初五，中职生李东和妈妈正在准备晚饭。）

李东：妈妈，今天晚上我们准备吃点什么饭呀？最近过年，那是大鱼、大肉顿顿不少，我提议我们能不能吃点汤汤水水、清淡的饭呢？

　　妈妈：好，你来点餐，我们共同制作怎么样？

　　李东：好的，妈妈，我也来学习学习，练就一番好厨艺，走遍天下饿不着。

　　妈妈：能有这样的觉悟也不错，起码知道生活自理的重要性，更重要的是体会"一粥一饭，当思来处不易；半丝半缕，恒念物力维艰"。

　　李东：妈妈，您总是在不经意间给我精神力量。

　　妈妈：呵呵，言归正传，我们今天晚上做点揪片子，就是你爱吃的酸酸的正宗新疆野蘑菇汤饭。

　　李东：还是妈妈了解我。妈妈，我需要做什么呢？

　　妈妈：面我已经和好了，羊肉已经切成片了（3厘米×3厘米），你来洗菜吧。我准备了西红柿、土豆、油白菜、洋葱、香菜、小葱、生姜、蒜，你看还缺什么？

　　李东：妈妈，今天的主角没上场。

　　妈妈：什么呀？

　　李东：妈妈，野蘑菇哟。

　　妈妈，对对对，这个是灵魂，野蘑菇现在要赶快泡发，要不口感偏硬，会出现煮不熟的情况。

　　李东：好的，妈妈，我拿了5朵中等大小的野蘑菇，够吗？

　　妈妈：可以的，两个人多了吃不完就浪费了，野蘑菇在汤饭里主要是提鲜提味的，不需要很多。记得野蘑菇泡发的汤不要倒了，后面留有用处。

　　（李东将制作野蘑菇汤饭的食材逐一洗干净，准备切菜。）

　　妈妈：东东，汤饭里的食材不宜切得过大，西红柿、洋葱、土豆都切成1厘米×1厘米的小块儿，油白菜需要切成5厘米长的小段，香菜、小葱、生姜、蒜都可以切成粗末备用。

　　李东：妈妈，野蘑菇我也切成1厘米的小段？

　　妈妈：这个食材可以稍微切大一点儿，3厘米足矣。

　　（李东将所有食材准备完毕。）

　　妈妈：现在我们准备炝锅，你要好好学习呢。首先，热锅凉油，自家吃可以油少放一点儿。

　　李东：妈妈，油热了我先放羊肉吧。

　　妈妈：可以，你看羊肉下锅之后要不停翻炒，倒入一小勺生抽，炒干水分后放葱、姜、蒜、洋葱末，一起煸(biān)炒，可以放点花椒粉，炒出香味。

**图片　新疆汤饭（揪片子）的制作——炝锅**

李东：妈妈，后面环节我来上手操作，我把西红柿丁放入锅里炒出颜色，之后放入土豆丁、野蘑菇，炒香后添加刚才泡发野蘑菇的水，炖煮汤底。

妈妈：你速度还挺快，我也把面切好了，现在准备下面了。

李东：妈妈，这个揪面片是个技术活，你揪面速度好快，而且面片儿大小厚薄差不多，给我传授一下诀窍吧。

妈妈：我这个手艺是祖传的，你可学好了。第一步把切好的宽面剂子，用两只手的拇指交替按压后，均匀使力将面条拉成 2 厘米宽的带状面条，犹如皮带面，但比皮带面薄，重点是开锅之后下入面片儿。

李东：妈妈，这个步骤我基本学会了，现在就是如何揪面片提速的问题？

妈妈：首先，揪面的手上不要沾水，否则面剂会沾手影响速度。其次，揪面时，带状面条要放在左手拇指和食指处捏住，右手揪面，长出来的面搭在胳膊上，防止面条掉在地下。你看我，左手就往上送一点面，右手揪一小块儿面送入锅里，这样配合就可以事半功倍。

李东：妈妈，我好像找到一点感觉了，还挺有意思的。

妈妈：这个过程是熟能生巧（shú néng shēng qiǎo），你多练习几次就学会了。

李东：好的，妈妈，最后锅开后我把油白菜放入锅里断生，汤饭是不是可以出锅了？

妈妈：这样差不多了，出锅前可以放一小勺醋、一点香菜末、蒜末，那就色香味俱全了。

李东：妈妈，我今天一定狼吞虎咽（láng tūn hǔ yàn）吃它三大碗。

妈妈：看来自己做的饭就是香，哈哈。

## 四、字词解析

1. 专有名词

（1）面剂：[miàn jì]制作汤饭的面坯。

（2）炝锅：[qiàng guō]炝锅在烹饪术语中又称"炸锅"或"煸锅"，是指将姜、葱、辣椒末或其他带有香味的调料放入烧热的底油锅中煸炒出香味，再及时下菜料的一种方法。

（3）揪面片：[jiū miàn piàn]面和好后，用手一片一片揪成拇指甲盖大小的送入开水锅里（大小与手指头肚相同），煮熟后配上蔬菜食用。这种面食做法简单，吃着筋滑。

（4）炒瓢：[chǎo piáo]炒菜使用的锅。

2. 课文词语

（1）：开幕 [kāi mù]（动）①一场演出、一个节目或一幕戏开始时打开舞台前的幕：演出刚～。②（会议、展览会等）开始：～词｜～典礼｜运动会明天～。[反]闭幕。

（2）：耗费 [hào fèi]（动）（时间、精力、财物等）因使用或受损而逐渐减少。[近]消耗。[反]节省。

（3）精髓：[jīng suǐ]（名）精华。

（4）独到：[dú dào]（形）与众不同：～的见解。

（5）煸：[biān]一种烹饪方法。在烧、炖之前把食物用少量的油稍炒一下。

（6）祖传：［zǔ chuán］指祖上留传下来的。

（7）诀窍：［jué qiào］（名）窍门；关键性的方法。

3．成语俗语

（1）摸爬滚打：［mō pá gǔn dǎ］形容艰苦地训练、工作或作战。这里指滑雪中技术不熟练，经常跌倒、磕碰的情况。

（2）饥肠辘辘：［jī cháng lù lù］辘辘：象声词，车轮滚动声。肚子饿得咕咕叫。形容十分饥饿。

（3）略知一二：［lüè zhī yī èr］略：略微。一二：指少的数量。稍微知道一点儿。多为自谦之语。

（4）一粥一饭，当思来处不易；半丝半缕，恒念物力维艰：［yì zhōu yí fàn, dāng sī lái chù bú yì；bàn sī bàn lǚ, héng niàn wù lì wéi jiān］谚语，意思是一点点衣食都来之不易，应当经常想到物力的艰难而加以珍惜。出自清·朱柏庐《朱子家训》："一粥一饭，当思来处不易；半丝半缕，恒念物力维艰。自奉必须俭约，宴客切勿留连。"

（5）言归正传：［yán guī zhèng zhuàn］归：回到。正传：本题，正题。原为旧时评话、小说常用的套语。现指把话说回到正题上来。

（6）不远万里：［bù yuǎn wàn lǐ］不以万里为远。形容不怕长途跋涉。

（7）不虚此行：［bù xū cǐ xíng］表示某种行动的结果令人满意。

（8）一语道破天机：［yì yǔ dào pò tiān jī］意思指一句话揭穿了秘密。

（9）纸上谈兵：［zhǐ shàng tán bīng］比喻空谈理论，不解决实际问题。

（10）窗明几净：［chuāng míng jī jìng］形容房间收拾得整洁、干净、明亮。

（11）事半功倍：［shì bàn gōng bèi］事：措施。事半：措施只有别人的一半。功倍：功效加倍。形容做事得法，费力少而收效大。

（12）狼吞虎咽：［láng tūn hǔ yàn］形容吃东西又猛又急的样子。

（13）原汁原味：［yuán zhī yuán wèi］比喻事物本来的，没有受到外来影响的风格。

## 五、制作流程图

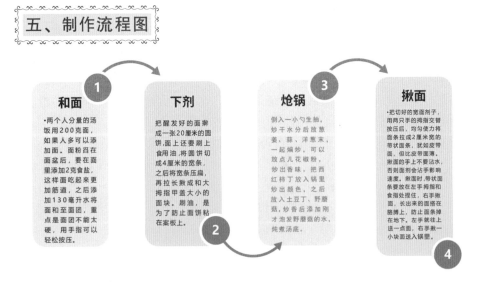

**1 和面**
·两个人分量的汤饭用200克面，如果人多可以添加面。面粉盲在面盆后，要在面里添加2克食盐，这样面吃起来更加筋道，之后添加130毫升水将面和至面团，重点是面团不能太硬，用手指可以轻松按压。

**下剂**
把醒发好的面擀成一张20厘米的圆饼，面上还要刷上食用油，将圆饼切成4厘米的宽条，之后将宽条压扁，再拉长揪成和大拇指甲盖大小的面块。刷油，是为了防止面饼粘在案板上。

**2**

**3 炝锅**
倒入一小勺生抽，炒干水分后放葱姜、蒜、洋葱末，一起煸炒，可以放点儿花椒粉，炒出香味，把西红柿丁放入锅里炒出颜色，之后放入土豆丁、野蘑菇，炒香后添加刚才泡发野蘑菇的水，炖煮汤底。

**揪面**
·把切好的宽面剂子，用两只手的拇指交错按压后，均匀使力将面条拉成2厘米宽的带状面片，但比皮带面薄，揪面的手不要沾水，否则面剂会沾手影响速度。揪面时，带状面条要放在左手拇指和食指相处按住，右手揪面，长出来的面揪在胳膊上，防止面条掉在地下。左手就往上送一点面，右手揪一小块面送入锅里。

**4**

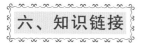

## 六、知识链接

### 走进新疆"人类滑雪起源地"

位于新疆北部的阿勒泰地区堪称"人类滑雪起源地"，这里发掘的 1.2 万年前的岩画栩栩如生地记录着人类最早的滑雪形象。"雪季长""雪质优""雪量足""雪域广""刮风少"等得天独厚的优势，让阿勒泰成为冰雪运动爱好者的天堂。而在北京冬奥会 2022 年 2 月 4 日的开幕式上，"点燃"主火炬的两名"00"后中国运动员中就包括来自"人类滑雪起源地"的维吾尔族姑娘迪妮格尔·衣拉木江。《环球时报》记者日前赴新疆阿勒泰地区进行深度调查采访，见证了冰雪运动及相关产业在新疆的蓬勃发展。

### 彩绘岩画，记载滑雪的"活化石"

在乌鲁木齐地窝堡机场的值机柜台，托运雪板的壮观景象形成一道独特的风景线。这些人的年龄跨度很大，有四五岁的小孩子，也有六十多岁的老人；有各种水平的"雪友"，也有专业队伍的运动员，他们有着相同的目的地——阿勒泰。一位来自广东的"雪友"告诉《环球时报》记者，他是第一次去阿勒泰，只为一睹"人类滑雪起源地"的真容。

"人类滑雪起源地"的名号绝非自诩。在距离阿勒泰市区约一小时车程的汗德尕特蒙古族乡，记者看到敦德布拉克洞穴内的彩绘岩画。岩壁上的一排小人儿清晰可见，他们脚踏毛皮滑雪板，手持雪杖，弯腰屈膝，背着猎物在风雪中驰骋的姿态与现代滑雪如出一辙。国内外相关研究显示，这幅岩画的绘制时间距今已有 1.2 万年甚至更早。

敦德布拉克岩画"守护人"张永军在接受《环球时报》记者采访时称，阿勒泰地区冬季气候寒冷、降雪量大，为了在山林中方便出行和打猎，生活在阿勒泰的先民发明了毛皮滑雪板，岩画真实还原了当年滑雪狩猎的场景，成为记载人类最早滑雪样态的活化石。"岩画的绘制时间早于西方相关记载 4000 多年，这一数字很难被突破。"张永军告诉《环球时报》记者，疫情之前，欧美、日、韩、澳大利亚、新西兰等国或地区的专家学者特意前来考察，亲眼看到岩画后接连发出"Yes""Yes"的惊叹声，纷纷认可"阿勒泰就是人类滑雪起源地"的说法。2006 年，国内外资深专家学者联名发表《阿勒泰宣言》，正式宣告中国新疆阿勒泰是"人类滑雪起源地"，并将每年的 1 月 16 日定为"人类滑雪起源地纪念日"。

时空穿梭，阿勒泰先民发明的毛皮滑雪板并未退出历史舞台。它们出现在毛皮滑雪板的赛事中，也在当地人的日常出行中继续发挥作用。在阿勒泰市郊外，《环球时报》记者见到毛皮滑雪板非物质文化遗产传承人斯兰别克·沙和什老人。在他经营的"斯兰别克木制品店"里，摆满了尺寸不一的毛皮滑雪板，有的还制成了迷你版的纪念品。

### 从阿勒泰到北京冬奥会

冰雪基因深深刻在了阿勒泰地区民众的骨子里。今年 20 岁的迪妮格尔·衣拉木江是出生在中国新疆阿勒泰地区的维吾尔族姑娘，2022 年 2 月 4 日的北京冬奥会开幕式上她与另一位"00"后中国运动员赵嘉文一起"点燃"主火炬。来自"人类滑雪起源地"的迪妮格尔·衣拉木江已经开启了自己的冬奥梦想，本届冬奥会她将代表中国越野滑雪队参赛。

阿勒泰地区民众的 2022 年北京冬奥会之梦，还由该地区推选的 16 名高山滑雪国内技术运动员实现，新疆首位冬运冠军叶尔扎提就是其中一员。叶尔扎提接受《环球时报》记者采访时说，阿勒泰具有"雪季长""雪质优""雪量足""雪域广""刮风少"等天然优势，他的父亲从 20 世纪 60 年代开始教学生滑雪，大多数家庭成员都曾是专业滑雪运动员，"滑雪，某种意义上已成为一种家族传承"。

"黄金雪线"冰雪热

阿勒泰在蒙语中的意思是"金山"，自古金矿资源丰富。近年来，阿勒泰因地处北纬 45°"黄金雪线"，"中国雪都"的称号广为人知，逐渐成为全球滑雪爱好者的天堂。

2022 年春节恰逢北京冬奥会，全国各地的滑雪爱好者在阿勒泰集结，掀起一场冰雪热潮。阿勒泰将军山滑雪场距离市中心仅 1.6 千米，是全国唯一与城市相连的高山滑雪场，周围酒店早已"客满"。日前发布的《中国冰雪旅游发展报告 2022》显示，在疫情防控常态化背景下，东北地区、京津冀、新疆三个区域重构了中国冰雪旅游的新格局。

## 七、评价自测

| 评价内容 | 评价标准 | 满分 | 得分 |
|---|---|---|---|
| 词语掌握 | 听说读写新疆汤饭制作流程的 20 个常用词语 | 20 | |
| 语法掌握 | 能够熟练运用口语进行表述新疆汤饭的制作过程，语法正确，逻辑合理 | 20 | |
| 成型手法 | 揪面的大小、厚薄掌握程度 | 20 | |
| 成品标准 | 色香味 | 20 | |
| 装盘 | 成品与盛装器皿搭配协调，器皿洁净程度 | 10 | |
| 卫生 | 工作完成后，工位干净整齐、工具清洁干净、摆放入位 | 10 | |
| 合计 | | 100 | |

## 八、课后练习

（一）选择题

1. 制作新疆汤饭步骤分为（　　）阶段。

A. 2 个　　　　　　　B. 3 个　　　　　　　C. 4 个　　　　　　　D. 5 个

2. 和面时需要添加（　　）毫升常温水。

A. 100 个　　　　　　B. 110 个　　　　　　C. 120 个　　　　　　D. 130

（二）判断题

1. 新疆汤饭和面时不用加食用盐。（　　）

2. 野蘑菇汤饭制作不需要放羊肉。（　　）

（三）制作题

请同学们根据新疆汤饭制作的流程图，制作一份热气腾腾的汤饭，请同学品尝点评。

# 参考答案

## 项目一答案

（一）选择题

C B

（二）判断题

× ×

（三）制作题

略

## 项目二答案

（一）选择题

A A

（二）判断题

× ×

（三）制作题

略

## 项目三答案

（一）选择题

B C

（二）判断题

× ×

（三）制作题

略

## 项目四答案

（一）选择题

C B

（二）判断题

× √

（三）制作题

略

项目五答案

（一）选择题

A　D

（二）判断题

√　×

（三）制作题

略

项目六答案

（一）选择题

D　B

（二）判断题

×　×

（三）制作题

略

项目七答案

（一）选择题

C　D

（二）判断题

√　×

（三）制作题

略

项目八答案

（一）选择题

D　A

（二）判断题

×　√

（三）制作题

略

## 项目九答案

（一）选择题

A　C

（二）判断题

√　×

（三）制作题

略

## 项目十答案

（一）选择题

D　C

（二）判断题

×　√

（三）制作题

略

## 项目十一答案

（1）选择题

D　C

（二）判断题

√　×

（三）制作题

略

## 项目十二答案

（一）选择题

B　B

（二）判断题

×　×

（三）制作题

略

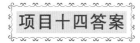

**项目十三答案**

（一）选择题

D A

（二）判断题

√ √

（三）制作题

略

**项目十四答案**

（一）选择题

C D

（二）判断题

× × √

（三）制作题

略

**项目十五答案**

（一）选择题

C B

（二）判断题

√ ×

（三）制作题

略

**项目十六答案**

（一）选择题

C A

（二）判断题

√ ×

（三）制作题

略

## 项目十七答案

（一）选择题

B    C

（二）判断题

√    ×

（三）制作题

略

## 项目十八答案

（一）选择题

B    B

（二）判断题

×    ×

（三）制作题

略

## 项目十九答案

（一）选择题

A    C

（二）判断题

×    √

（三）制作题

略

## 项目二十答案

（一）选择题

C    D

（二）判断题

×    ×

（三）制作题

略